双圆弧弧齿锥齿轮分析

武志斐 编著

北京理工大学出版社
BEIJING INSTITUTE OF TECHNOLOGY PRESS

内 容 简 介

本书全面系统地论述了双圆弧弧齿锥齿轮的设计、加工、齿面接触分析、跑合的数学原理，推导了有关的计算公式，分析了双圆弧弧齿锥齿轮的试验动态特性，介绍了其在 75kW 减速器中的应用。

本书理论性强，可供齿轮理论研究工作者和从事齿轮制造业的工程技术人员学习参考，也可作为齿轮设计制造方向的研究生教材和参考书。

版权专有 侵权必究

图书在版编目（CIP）数据

双圆弧弧齿锥齿轮分析 / 武志斐编著. —北京：北京理工大学出版社，2020.8
ISBN 978-7-5682-8954-2

Ⅰ. ①双… Ⅱ. ①武… Ⅲ. ①弧齿锥齿轮-研究 Ⅳ. ①TH132.421

中国版本图书馆 CIP 数据核字（2020）第 159783 号

出版发行 / 北京理工大学出版社有限责任公司
社　　址 / 北京市海淀区中关村南大街 5 号
邮　　编 / 100081
电　　话 / （010）68914775（总编室）
　　　　　（010）82562903（教材售后服务热线）
　　　　　（010）68948351（其他图书服务热线）
网　　址 / http://www.bitpress.com.cn
经　　销 / 全国各地新华书店
印　　刷 / 三河市华骏印务包装有限公司
开　　本 / 710 毫米×1000 毫米　1/16
印　　张 / 10
字　　数 / 105 千字
版　　次 / 2020 年 8 月第 1 版　2020 年 8 月第 1 次印刷
定　　价 / 52.00 元

责任编辑 / 江　立
文案编辑 / 赵　轩
责任校对 / 刘亚男
责任印制 / 李志强

图书出现印装质量问题，请拨打售后服务热线，本社负责调换

前　言

　　双圆弧弧齿锥齿轮源于具有我国特色的圆弧齿轮，是将圆弧齿轮的分阶式双圆弧齿廓应用于弧齿锥齿轮的一种新型传动形式，与目前主流齿制的齿面凸凸接触形式不同。

　　双圆弧弧齿锥齿轮在齿长与齿高方向均为凸凹齿廓啮合，理论上凸凹接触综合曲率半径大的齿面接触应力小于相应的凸凸接触情况。双圆弧弧齿锥齿轮在其与格里森弧齿锥齿轮（又称 Gleason 锥齿轮）跑合对比试验和煤矿刮板输送机用减速器上的实际应用中，取得了良好的效果，使齿轮使用寿命从原来的 900 h 提高到了 1 900 h。本书通过介绍这种具有我国特色的新型传动形式，进一步推广其应用。

　　本书基于双圆弧弧齿锥齿轮的啮合特性开展后续工作，首先在虚拟设计制造系统、跑合、动态特性等方面进行研究，应用微分几何分析双圆弧弧齿锥齿轮啮合原理等理论，推导大小轮的啮合方程和齿面方程；然后讨论双圆弧弧齿锥齿轮的齿面构型、齿廓合理半径等关键问题，确定齿面齿形参数，进行刀齿齿廓曲线有关的参数设计；接着以空间啮合原理和齿面接触分析（TCA）方法为基础，采用承载齿面接触分析（LTCA）方法对双圆弧弧齿锥齿轮进行研究；在这之后通过双圆弧弧齿锥齿轮的跑合理论研究，对影响跑合的因素进行分析，建立数学模型，探索针对双圆弧弧齿锥齿轮的跑合方法，并提出乏油、低速、重载（SLH）跑合方法；再接着对双圆弧弧齿锥齿轮进行动态特性试验，测量其振动、噪声信号，并与 Gleason 锥齿轮的相应信号进行对比，验证双圆弧弧齿锥齿轮减振降噪的有效性；最后在煤矿刮板输送机用减速器上应用双圆弧弧齿锥齿轮，对其设计、加工及试验进行介绍。

　　本书是在王铁教授的悉心指导下，将太原理工大学齿轮研究所几代学者的研究成果进行总结和整理完成的，希望此书能够得到同行指正。

编著者

目　　录

第 1 章
总　论

1.1　圆弧齿轮的发展

　　齿轮传动的发展与生产发展密切相关。从齿廓曲线来看，在工业革命之前由于齿轮传动的速度低、功率小，齿轮能够相互传动即满足要求，如古代水车上齿轮齿廓是最简单的直线。随着生产的发展，直线齿廓满足不了日益增大的功率要求。齿廓曲线在理论上是无穷多的，但由于工业生产的特点，真正能推广应用的齿廓曲线只是有限的几种：1674 年，丹麦天文学家奥拉夫·雷默（Olaf Roemer）提出了外摆线齿廓；1694 年，法国物理学家菲利浦·德尔希尔（Philipp de la Hire）提出了渐开线齿廓；1765 年，瑞士数学家欧拉（Euler）进一步完善了渐开线齿廓；1873 年，德国工程师霍普（Hoppe）提出了齿轮在压力角改变时的渐开线齿廓，奠定了变位齿轮的理论基础；19世纪末，范成法原理的提出使渐开线齿廓最终成为能够大规模生产应用的齿廓。

　　圆弧齿廓的提出有其相应的历史背景。1907 年，英国人弗兰克·福瑞斯（Frank Humphris）提出了圆弧齿廓。1922 年，威克·波斯托克·布朗莱（Vichers Bostock Bramley）提出了凸凹齿面啮合传动形式，并将这种齿轮命名为 VBB 齿轮。这种齿轮的齿廓本质上是摆线，凸齿为长幅外摆线，凹齿为长幅内摆线，它的凹齿齿顶厚度小导致弯曲强度不足，限制了其应用，但其传动形式为圆弧齿廓曲线的应用提供了启发。1926 年，美国格里森（Gleason）公司的威尔德哈泊（E. Wildhaber）提出了法面为圆弧齿廓、靠轴向重合度进行传动的斜齿轮，但受到 VBB 齿轮断齿事故影响，这种齿轮并没有在工业上进行应用。1956 年，苏联的诺维柯夫（Novikov）为解决火箭发动机齿轮的瞬时大功率传递问题，发明了端面为圆弧的圆弧齿轮（圆弧齿廓齿轮），这是圆弧齿轮真正应用于工业生产，国际上称其为 W−N 齿轮（Wildhaber−Novikov 齿轮）。由于圆弧齿廓的特点，英国"山猫"和俄罗斯"卡"式直升机主传动即采用这种传动形式。我国著名机械学家、原太原工学院（今太原理工大学）齿轮研究所创立人朱景梓先生将圆弧齿轮相关资料引入我国，并组织相关学者进行研究，走出了具有我国特色的圆弧齿轮工业应用之路。

纵观圆弧齿轮发展历史，圆弧齿轮的概念并不是由我国学者提出的，但圆弧齿轮真正实现大规模应用是在中国，这其中有时代背景的原因。20 世纪 80 年代之前，发达国家同等功率齿轮传动采用经磨齿工艺的高精度渐开线齿轮，而那时我国不具备独立生产磨齿机的能力，这需要大量外汇进口磨齿机。我国学者充分发扬独立自主的作风，投身圆弧齿轮传动的科研事业中，采用调质中硬齿面圆弧齿轮代替渗碳淬火硬齿面渐开线齿轮，并形成设计、制造，以及工业应用的完整产业链。在这股热潮下，我国学者将圆弧齿形推广应用到锥齿轮和蜗轮蜗杆这种直交轴传动中。当然，目前我国的工业生产能力今非昔比，可以购买或自主生产磨齿机，但即便如此，圆弧齿轮依然在我国石油机械行业普遍应用，这是那个时代相关从业人员倾注大量心血的结果。

双圆弧弧齿锥齿轮作为具有我国特色的锥齿轮传动形式，在某些极端工况下，其凸凹齿面接触可大大提高承载能力。

1.2　双圆弧弧齿锥齿轮的发展

双圆弧弧齿锥齿轮的发展，主要从圆弧齿廓应用于锥齿轮传动开始。20 世纪 80 年代初，朱景梓先生指导李进宝教授将分阶式双圆弧齿廓应用于弧齿锥齿轮，将其命名为双圆弧弧齿锥齿轮，完成双圆弧弧齿锥齿轮的试制，并在机械封闭式试验台上进行了双圆弧弧齿锥齿轮与 Gleason 锥齿轮的对比试验，并说明其加工成形原理。20 世纪 90 年代，王铁教授首次将双圆弧弧齿锥齿轮应用于煤矿刮板输送机用减速器中，使煤矿刮板输送机用减速器寿命大幅度提高，此举被鉴定为国际先进水平。此后，我国学者通过大量研究得到了双圆弧弧齿锥齿轮的弯曲强度、接触强度计算公式。进入 21 世纪以后，我国学者开始应用 C 语言、CAD、UG、Pro/Engineer 等模拟双圆弧弧齿锥齿轮的加工制造，采用 TCA 和 LTCA 方法进行研究。

国外对圆弧齿轮的应用也非常重视，由威尔德哈泊、巴斯特尔（M. L. Baxter）等人提出的弧齿锥齿轮被广泛应用于具有相交轴传动的航空、汽车、矿山机械等工业产品中，作为传动系统的重要部件，其传动啮合质量对整机的工作性能和质量有着极其重要的影响。

与 Gleason 锥齿轮相比，双圆弧弧齿锥齿轮的加工工艺过程简单，生产效率高，设计计算过程大为简化，承载能力、使用寿命和工作的可靠性大幅度提高。近10年，双圆弧弧齿锥齿轮的学术研究发展迅速，在啮合理论、虚拟加工、动力学分析、接触分析等方面成果卓著。

1.3　双圆弧弧齿锥齿轮的啮合与跑合

双圆弧弧齿锥齿轮是我国学者提出并进行研究应用的一种直交轴传动技术，其理论研究主要集中在啮合理论和跑合理论等方面。

1.3.1　双圆弧弧齿锥齿轮的啮合

李进宝教授从弧齿锥齿轮加工原理出发，阐述了双圆弧弧齿锥齿轮副点啮合共轭齿面的形成原理和基本啮合原理，指出用同一铣刀盘即可加工出一对相啮合的双圆弧弧齿锥齿轮，简化了齿轮刀具；推导了具有普通形式的齿面方程，针对刀具设计及加工，指出打磨砂轮及铲磨齿廓的刀齿是影响双圆弧锥齿轮制造质量的主要因素。李军等对齿面几何参数进行了分析，认为该齿轮跑合后，沿齿高方向是线接触；对齿面的相对运动进行了分析，求得齿面诱导法曲率。武宝林等结合弧齿锥齿轮的加工原理，基于双圆弧锥齿轮的齿廓特点，进行了双圆弧弧齿锥齿轮的切齿啮合分析，得到了切齿啮合过程中的啮合方程、产形轮齿面方程，以及双圆弧弧齿锥齿轮的通用齿面方程表达式。这些成果的取得为进一步开展双圆弧弧齿锥齿轮的研究奠定了理论基础。邓季贤等还以等高齿分阶式双圆弧齿廓（短齿型）为蓝本，推导出了双圆弧弧齿锥齿轮齿厚计算公式，阐述了双圆弧弧齿锥齿轮的制造工艺，编制了双圆弧弧齿锥齿轮单边切削法机床调整计算卡。

张瑞亮从双圆弧弧齿锥齿轮啮合理论出发，利用线图法、TCA，以及虚拟仿真加工等方法和试验手段，对双圆弧弧齿锥齿轮的传动啮合特性进行了研究，为其进一步研究、应用和推广打下必要的基础。

1.3.2　双圆弧弧齿锥齿弧的跑合

人们对于跑合的研究始于机械零件接触表面，与摩擦润滑学科的发展同步。到目前为止，跑合过程仍有许多问题没有定论，不同学派的理论各有侧重点。

1981 年，在法国里昂召开的"第八届国际摩擦学术会议"是第一次专门交流跑合研究成果的盛会，该会议确立了跑合的学术地位。此后，科研人员在进行跑合研究中，逐渐考虑润滑状态变化对跑合的影响，将跑合润滑状态变化分为 3 个阶段：边界润滑、乏油润滑、弹流润滑。跑合的初期是边界润滑状态，边界润滑是工程中普遍存在的一种润滑状态；乏油润滑状态会加速齿廓的磨损，使润滑性能下降，但控制乏油润滑状态的时间对于跑合是有利的；弹流润滑状态意味着摩擦表面的油膜厚度已经稳定，达到跑合要求。

国外首次提出边界润滑的概念，即当摩擦表面距离很小时，吸附于固体表面薄层分子膜的化学特性与润滑剂的物理特性决定了接触表面的摩擦与磨损特性。跑合过程的润滑状态不断变化，试验研究与理论分析得出结论：若润滑区的上游边界离接触区太近，则润滑油膜变薄，无法形成弹流润滑，这种润滑状态被称为乏油润滑。早期对乏油润滑进行理论与试验研究的代表学者有道森（Dowson）、金斯贝里（Kinsbury）等。进入 21 世纪之后，有学者建立了点接触乏油弹流润滑数学模型。我国高校在齿轮乏油润滑的工况、机理、磨损等方面对齿轮传动摩擦学，以及航空锥齿轮失油状态下的生存能力进行了研究。

我国学者在圆弧齿轮使用之初就开始关注跑合问题。20 世纪 80 年代，原太原工学院研究硬齿面圆弧齿轮的跑合机理；20 世纪 90 年代，东北大学以有限元方法、跑合仿真，以及对比试验为基础，提出了对国际 GB/T 12759—1991 中双圆弧圆柱齿轮基本齿廓的优化；哈尔滨工业大学以齿面摩擦功计算跑合量，对跑合过程中齿面应力进行计算；后来，太原理工大学对圆弧齿轮跑合工艺进行研究；西北工业大学通过双圆弧齿轮跑合仿真计算的基本原理，以 ANSYS 接触算法为子程序建立了双圆弧齿轮跑合仿真模型；西安交通大学考虑齿面跑合磨损，建立了圆弧齿轮具有二维表面速度的点接触弹流润滑模型。

国内外学者基于润滑理论对跑合机理进行研究，且不同学派各有侧重点，对于圆弧齿轮的跑合研究多是针对工业应用中出现的问题。

1.4 双圆弧弧齿锥齿轮的应用

圆弧齿轮诞生是为了满足高功率大载荷传动应用。目前，商用重型载货汽车（简称重卡）驱动桥上主减速器锥齿轮无法满足我国某些工况环境的传动要求，存在使用寿命短的问题。在双级桥大范围应用之前，多数驱动桥上主减速器锥齿轮使用寿命不足 6 个月。在目前的齿制、加工和热处理工艺条件下，锥齿轮的接触强度难以进一步提高。我国重卡从业人员早已认识到驱动桥上主减速器锥齿轮的承载问题，只是由于驱动桥的空间限制，无法通过增大尺寸来满足承载要求，只能采用分级承载方法或进口齿轮解决单级桥锥齿轮的寿命问题。

重卡驱动桥上主减速器锥齿轮损坏的主要原因是接触强度不足，因此解决目前驱动桥上主减速器锥齿轮寿命问题的根本途径是提高接触强度，利用圆弧齿廓接触强度是渐开线齿廓 2～4 倍的特点，将圆弧齿廓锥齿轮（圆弧锥齿轮）应用于驱动桥，利用我国特有的锥齿轮解决目前重卡驱动桥在我国出现的问题。针对目前应用广泛的 Gleason 锥齿轮等主流弧齿锥齿轮的接触强度不足的问题，将双圆弧弧齿锥齿轮应用于重卡驱动桥，这种新型传动形式对重卡产业的发展具有重大意义。

双圆弧弧齿锥齿轮将分阶式双圆弧齿廓应用于弧齿锥齿轮，理论上其齿面接触应力小于目前主流齿制齿轮的齿面接触应力。工业试验已证明双圆弧弧齿锥齿轮可有效地提高煤矿刮板输送机用减速器的使用寿命，因此，双圆弧弧齿锥齿轮作为一种新型的弧齿锥齿轮传动方式，具有良好的发展前景。

第 2 章
双圆弧弧齿锥齿轮传动的啮合理论

　　齿轮啮合原理又称共轭曲面原理，主要研究两个运动齿面的接触传动问题。本章分析双圆弧弧齿锥齿轮的啮合原理，应用运动学法推导啮合方程，得出双圆弧弧齿锥齿轮的齿面方程表达式和跑合方程，这是进行齿面接触分析的基础。

　　双圆弧弧齿锥齿轮在同一轮齿侧面上存在两条接触迹线，在啮合过程中可以实现多点接触和多对齿啮合，而且凹齿齿根厚度大，提高了弯曲强度。与单圆弧弧齿锥齿轮相比，其承载能力和使用寿命都有显著提高。双圆弧弧齿锥齿轮可以认为是单圆弧弧齿锥齿轮的复合，它们虽然参数不同，但是啮合原理一样。

2.1　共轭齿面形成原理

　　两个运动曲面的传动一般情况下属于点接触共轭曲面，在任何时刻曲面上只有一个孤立的点接触，所有接触点的集合构成齿面上的接触迹线。

　　双圆弧弧齿锥齿轮的齿面借助于两个固连在一起的辅助曲面，即产形轮副的齿面 Σ_A 和 Σ_B 形成锥齿轮副的共轭齿面（又称曲面）Σ_a 和

Σ_b，如图 2−1 所示。

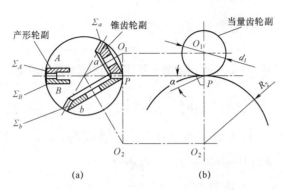

图 2−1　锥齿轮副共轭齿面的形成

（a）产形轮副和锥齿轮副；（b）当量齿轮副

O_1、O_2——当量齿轮中心；d_1——小锥齿轮的当量齿轮直径；R_2——大锥齿轮的当量齿轮半径。

图 2−1 中的当量齿轮副是对锥齿轮副的简化。产形轮副 A 与锥齿轮副 a 作共轭运动时，产生锥齿轮副 a 的共轭齿面 Σ_A；产形轮副 B 与锥齿轮副 b 作共轭运动时，产生锥齿轮副 b 的共轭齿面 Σ_B；由于产形轮副 A 和产形轮副 B 是固连的，因此对应每一瞬时，Σ_A 和 Σ_B 都相交于切线 C 上一点 K，即曲面 Σ_A 和 Σ_B 在切线 C 上都有一个接触点 K。对于圆弧齿廓锥齿轮，其齿线上某一点的法平面与分度圆锥面的交线可能是椭圆、抛物线或双曲线，一般为椭圆。以此椭圆的最大曲率半径作为假想平面齿轮的分度圆半径，并以此锥齿轮的法向模数和法向压力角作为假想锥齿轮的端面模数和端面压力角。

产形轮副的齿面 Σ_A 和 Σ_B 螺旋方向相反，其他双圆弧齿廓参数完全相同。由于齿廓半径差 ρ 的存在，当两个产形轮像阴阳模子一样固连在一起时，Σ_A 和 Σ_B 将沿两条接触迹线相切（在图 2−2 中只画出一条切线 C）。

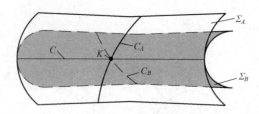

图 2-2　两个辅助曲面形成圆弧点啮合共轭曲面

当 Σ_A 与 a 作共轭运动时，形成曲面 Σ_a，Σ_A 和 Σ_a 的接触迹线为 C_A。同样，当 Σ_B 与 b 作共轭运动时，形成曲面 Σ_b，Σ_B 和 Σ_b 的接触迹线为 C_B。 C_A 和 C_B 相交于 C 上的点 K。

在双圆弧弧齿锥齿轮的传动过程中，接触点是沿着啮合线从齿轮的一个端面移向另一个端面的。

2.2　双圆弧弧齿锥齿轮基本齿廓的坐标表达

不论是双圆弧圆柱齿轮传动，还是双圆弧弧齿锥齿轮传动，其基本齿廓均为基本齿条法截面内的齿廓。FSPH-79 型双圆弧齿轮的基本齿廓如图 2-3 所示。

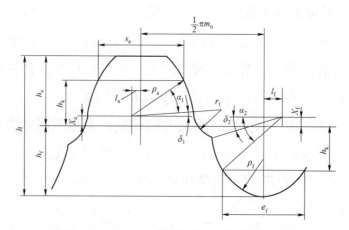

图 2-3　FSPH-79 型双圆弧齿轮的基本齿廓

图中的符号意义如下：

m_n——齿轮法向模数；

h_a——齿顶高；

h_f——齿根高；

h_k——接触点齿高；

h——全齿高；

ρ_a——凸齿齿廓圆弧半径；

ρ_f——凹齿齿廓圆弧半径；

r_1——凸凹齿齿廓过渡圆弧半径；

X_a——凸齿齿廓圆心移距量；

X_f——凹齿齿廓圆心移距量；

α_1——凸齿齿廓名义压力角；

α_2——凹齿齿廓名义压力角；

l_a——凸齿齿廓圆心偏移量；

l_f——凹齿齿廓圆心偏移量；

s_a——凸齿接触点处弦齿厚；

e_f——凹齿接触点处槽宽；

δ_1——凸齿工艺角；

δ_2——凹齿工艺角。

　　一个完整的双圆弧齿轮的基本齿廓由 8 段圆弧组成。圆弧之间的位置关系可以利用各段圆弧圆心的坐标（E_i，F_i）、半径 ρ_i，以及各段圆弧的压力角 α_i 来表达。为此建立基本齿廓的直角坐标系如图 2-4 所示，其中 x 轴位于基本齿廓（以 x 轴为对称轴的圆弧）的对称线上，y 轴位于基本齿廓的节平面上。

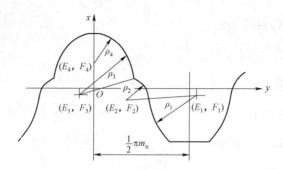

图 2－4　基本齿廓的直角坐标系

为了进行坐标计算，作以下规定：

E_i——各段圆弧圆心距 x 轴（相当于轮齿对称线）的距离，正方向为正，反方向为负；

F_i——各段圆弧圆心距 y 轴（相当于基本齿廓节线以上）的距离，在 y 轴上方取正值，反之取负值；

α_i——压力角，从 y 轴正方向开始，逆时针方向取正值，顺时针方向取负值。

基本齿廓第 i 段圆弧上任意点的坐标 (x_i, y_i) 可表示为

$$\begin{cases} x_i = \rho_i \sin \varphi_i + E_i \\ y_i = \rho_i \cos \varphi_i + F_i \end{cases} \qquad (2-1)$$

2.3　啮合基本方程

锥齿轮副 a、b 的共轭曲面 Σ_a、Σ_b 在 M 点相切时，两个曲面为共轭曲面，在 M 点接触传动，如图 2－5 所示。设曲面 $\Sigma^{(1)}$ 的方程为 r_1，单位法矢为 n_1，曲面 $\Sigma^{(2)}$ 的方程为 r_2，单位法矢为 n_2，两个运动坐标系原点之间的径矢为 m，共轭曲面（包括完全共轭曲面和不完全共轭

曲面）在接触点 M 满足方程组：

$$\begin{cases} \boldsymbol{r}_2 = \boldsymbol{m} + \boldsymbol{r}_1 \\ \boldsymbol{n}_2 = \boldsymbol{n}_1 \end{cases} \quad （2-2）$$

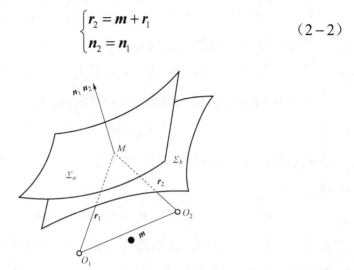

图 2-5　共轭曲面

其中，第一个矢量方程是两个曲面在 M 点接触所满足的条件，第二个矢量方程是两个曲面在 M 点相切所满足的条件，这是所有齿轮传动都应该满足的基本方程。本书进行齿面数学建模和齿面接触分析时都要用到式（2-2）。若用相对微分方法对式（2-2）的第一个方程进行微分，可得

$$\mathrm{d}_2\boldsymbol{r}_2 + \boldsymbol{\omega}_2 \times \boldsymbol{r}_2 = \mathrm{d}\boldsymbol{m} + \mathrm{d}_1\boldsymbol{r}_1 + \boldsymbol{\omega}_1 \times \boldsymbol{r}_1 \quad （2-3）$$

其中，d_1 表示曲面 $\boldsymbol{\Sigma}^{(1)}$ 关于坐标系 O_1 的相对微分，d_2 表示曲面 $\boldsymbol{\Sigma}^{(2)}$ 关于坐标系 O_2 的相对微分，$\boldsymbol{\omega}_1$ 表示曲面 $\boldsymbol{\Sigma}^{(1)}$ 的角速度，$\boldsymbol{\omega}_2$ 表示曲面 $\boldsymbol{\Sigma}^{(2)}$ 的角速度，$\mathrm{d}\boldsymbol{m}$ 表示两个运动坐标系原点之间的径矢为 $\boldsymbol{m}$ 的微分。

在 M 点处曲面 $\boldsymbol{\Sigma}^{(1)}$ 和 $\boldsymbol{\Sigma}^{(2)}$ 相对速度 $\boldsymbol{v}_{12}$ 为

$$\boldsymbol{v}_{12} = \boldsymbol{\omega}_1 \times \boldsymbol{r}_1 - \boldsymbol{\omega}_2 \times \boldsymbol{r}_2 + \mathrm{d}\boldsymbol{m} \quad （2-4）$$

式（2-3）可简化为

$$d_2 r_2 = d_1 r_1 + v_{12} \qquad (2-5)$$

$d_1 r_1$ 为曲面 $\Sigma^{(1)}$ 在 M 点的一个切线方向，$d_2 r_2$ 为曲面 $\Sigma^{(2)}$ 在 M 点的一个切线方向，切矢与接触点公法矢 n 垂直，即

$$n \cdot d_2 r_2 = n \cdot d_1 r_1 = 0 \qquad (2-6)$$

将式（2-6）两端与 M 点公法矢作点积，则有

$$v_{12} \cdot n dt = 0 \qquad (2-7)$$

除接触迹线方向 $dt = 0$ 外，其他方向 $dt \neq 0$，则两个曲面在接触处还应该满足

$$v_{12} \cdot n = 0 \qquad (2-8)$$

式（2-8）为啮合方程，其物理意义是：两个运动曲面在法线方向的分速度相等才能保证曲面的持续啮合，否则两个曲面将在下一个啮合时刻脱离接触和相互啮合。

将式（2-2）代入式（2-4）可得相对速度的另外一个表达式为

$$v_{12} = \boldsymbol{\omega}_{12} \times r_1 - \boldsymbol{\omega}_2 \times m + dm \qquad (2-9)$$

其中

$$\boldsymbol{\omega}_{12} = \boldsymbol{\omega}_1 - \boldsymbol{\omega}_2 \qquad (2-10)$$

点接触共轭齿面在啮合位置应满足基本方程和啮合方程。

2.4 大轮（大齿轮）齿面方程

双圆弧弧齿锥齿轮是根据产形轮原理按范成法（展成法）加工得到的等高齿制弧齿锥齿轮。本节以大轮右旋的双圆弧弧齿锥齿轮副为例介绍其产形齿面和齿轮齿面方程的推导过程。

2.4.1　大轮产成坐标系

大轮右旋时，依据 Gleason 铣齿机的加工原理，产形轮若顺时针旋转，工件则逆时针旋转。本文选取如下坐标系来描述大轮的产成过程。

（1）$\sigma_o = [O_o - X_oY_oZ_o]$ 为固定坐标系，坐标系原点 O_o 位于机床摇台旋转轴上，X_o 轴和 Y_o 轴均位于产形轮的节平面内，Z_o 轴和被加工锥齿轮与产形轮的瞬时旋转轴重合，而 X_o 轴则垂直于轮的节平面且与机床摇台旋转轴重合。

（2）$\sigma_t = [O_t - X_tY_tZ_t]$ 为与产形轮固连的坐标系，其坐标系原点 O_t 位于铣刀盘中心，X_t 轴与铣刀盘旋转轴重合，Y_t 轴和 Z_t 轴位于产形轮的节平面内，Z_t 轴通过位于机床摇台旋转机床轴上的原点 O_o，与 Z_o 轴的夹角为刀位角 q_2（刀位角 q_2 为铣刀盘中心与机床摇台中心的连线和被加工齿轮与产形轮瞬时旋转轴所成的角度。当切左旋齿轮时，铣刀盘的中心线低于被切齿轮的中心线，为"+"号；当切右旋齿轮时，铣刀盘的中心线高于被切齿轮的中心线，为"−"号），原点 O_t 与 O_o 之间的距离为刀位 u_2（刀位 u_2 为铣刀盘中心与机床摇台中心的距离，用来控制被切齿轮螺旋角的大小）。

（3）坐标系 $\sigma_n = [O_n - X_nY_nZ_n]$ 为与产形轮的产形齿廓固连的坐标系，其原点 O_n 位于产形轮节平面内以 O_t 为圆心、以铣刀盘名义半径 R_r 为半径的圆周上，X_n 轴平行于 X_t 轴，刀齿圆弧齿廓绕 X_t 轴旋转形成产形轮齿面（如图 2−5 所示）。Y_n 轴、Z_n 轴均位于产形轮节平面内，且 Y_n 轴通过原点 O_t。在图 2−6 所示的大齿轮产成坐标系中，Y_n 轴与 Y_t 轴的夹角用 θ_2 表示，θ_2 与刀盘名义半径 R_r 两个参数确定 O_t 和 O_n 两个坐标系原点的关系。

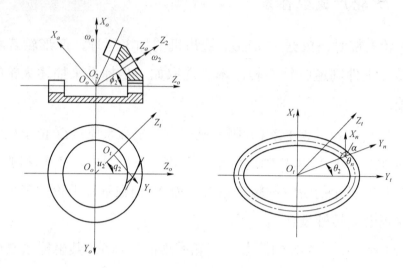

图2-6　大轮产成坐标系（右旋）

（4）坐标系 $\sigma_a = [O_a - X_a Y_a Z_a]$ 为辅助坐标系，用来描述被加工小齿轮在机床上的安装位置，与机床坐标系 σ_o 相固连。其坐标系原点 O_a 与原点 O_o 重合，Z_o 轴与 Z_a 轴之间的夹角为 ϕ_2（ϕ_2 为大齿轮的节圆锥面角）。

（5）坐标系 $\sigma_2 = [O_2 - X_2 Y_2 Z_2]$ 为与被加工锥齿轮固连的坐标系，其坐标系原点 O_2 与原点 O_o 重合，被加工锥齿轮的旋转轴 Z_2 与辅助坐标系 σ_a 的 Z_a 轴重合。在加工过程中，坐标系 σ_2 与被加工锥齿轮一起绕 Z_a 轴旋转。在初始位置，坐标系 σ_2 与 σ_a 重合。

加工齿轮时，产形轮绕 X_o 轴的角速度为 ω_o；与其对应，被加工的锥齿轮绕 Z_2 轴的角速度为 ω_2。设机床调整初始位置的角为 q_{2o}，开始加工后的刀位角（即当前刀位角）为 q_2，被加工锥齿轮的当前转角为 φ_2，则有 $\dfrac{q_2 - q_{2o}}{\varphi_2} = \dfrac{\Delta q}{\varphi_2} = \dfrac{\omega_o}{\omega_2} = \sin \varphi_2$。

2.4.2　大轮产形轮齿面方程

由于双圆弧齿廓每侧由 4 段圆弧组成，共为 8 段，且各段都可以用单独的方程表示。为方便表示，在下面的推导过程中将删除式（2-10）中的下标 i，将其进行简化，得到的公式可适用于基本齿廓中所有的圆弧线段。为了区分大小轮，将小轮的参数用下标"1"表示，大轮的参数用下标"2"表示，于是有

$$
\begin{cases}
X_{n2} = \rho_2 \sin \alpha_2 + E_2 \\
Y_{n2} = \rho_2 \cos \alpha_2 + F_2 \\
Z_{n2} = 0
\end{cases}
\tag{2-11}
$$

其中 $\alpha_2 \in [\alpha', \alpha'']$。

由齿轮啮合原理可知，产形轮齿面方程和齿轮齿面方程等都需要进行坐标变换。

1）大轮坐标变换

将坐标系 σ_n 转为坐标系 σ_t 的坐标变换矩阵为

$$
\boldsymbol{M}_{tn} =
\begin{bmatrix}
1 & 0 & 0 & 0 \\
0 & \cos\theta_2 & -\sin\theta_2 & R_r\cos\theta_2 \\
0 & \sin\theta_2 & \cos\theta_2 & R_r\sin\theta_2 \\
0 & 0 & 0 & 1
\end{bmatrix}
$$

将坐标系 σ_t 转为坐标系 σ_o 的坐标变换矩阵为

$$
\boldsymbol{M}_{ot} =
\begin{bmatrix}
1 & 0 & 0 & 0 \\
0 & \cos q_2 & -\sin q_2 & -u_2\sin q_2 \\
0 & \sin q_2 & \cos q_2 & -u_2\cos q_2 \\
0 & 0 & 0 & 1
\end{bmatrix}
$$

将坐标系 σ_o 转为坐标系 σ_a 的坐标变换矩阵为

$$M_{ao} = \begin{bmatrix} \cos\phi_2 & 0 & -\sin\phi_2 & 0 \\ 0 & 1 & 0 & 0 \\ \sin\phi_2 & 0 & \cos\phi_2 & 0 \\ 0 & 0 & 0 & 1 \end{bmatrix}$$

将坐标系 σ_a 转为坐标系 σ_2 的坐标变换矩阵为

$$M_{2a} = \begin{bmatrix} \cos\varphi_2 & \sin\varphi_2 & 0 & 0 \\ -\sin\varphi_2 & \cos\varphi_2 & 0 & 0 \\ 0 & 0 & 1 & 0 \\ 0 & 0 & 0 & 1 \end{bmatrix}$$

2）大轮产形轮切削面方程

将齿廓方程表示在坐标系 σ_t 中，r_t 表示大轮产形轮切削面上的点，得到大轮产形轮切削面方程：

$$r_t = M_{tn}r_n = \begin{bmatrix} \rho_2\sin\alpha_2 + E_2 \\ (\rho_2\cos\alpha_2 + F_2 + R_r)\cos\theta_2 \\ (\rho_2\cos\alpha_2 + F_2 + R_r)\sin\theta_2 \\ 1 \end{bmatrix} \quad （2-12）$$

3）大轮产形轮齿面方程

在坐标系 σ_o 中表示大轮产形轮切削面方程，r_o 表示大轮产形轮切削面上的点，得到大轮产形轮齿面方程：

$$r_o = M_{ot}r_t = \begin{bmatrix} \rho_2\sin\alpha_2 + E_2 \\ (\rho_2\cos\alpha_2 + F_2 + R_r)\cos(q_2+\theta_2) - u_2\sin q_2 \\ (\rho_2\cos\alpha_2 + F_2 + R_r)\sin(q_2+\theta_2) + u_2\sin q_2 \\ 1 \end{bmatrix} \quad （2-13）$$

在齿轮的加工过程中，刀位角 q_2 是变化的，每一个 q_2 可以确定一个切削面，因此式（2-13）确定的切削面是一个运动的曲面。

2.4.3　大轮切齿啮合方程

产形轮和锥齿轮作连续啮合传动时，两个齿面上的任意瞬时接触点处的相对速度 $\boldsymbol{v}_{o2}$ 位于两个共轭齿面的切平面内。根据啮合基本方程，产形齿面的啮合点应满足：

$$\begin{cases} \boldsymbol{r}_o = X_o \boldsymbol{i}_o + Y_o \boldsymbol{j}_o + Z_o \boldsymbol{k}_o \\ \boldsymbol{n}_o \cdot \boldsymbol{v}_{o2} = 0 \end{cases} \qquad （2-14）$$

将式（2-12）分别对 α_2 和 θ_2 求一阶偏导数，则有

$$\frac{\partial X_t}{\partial \alpha_2} = \rho_2 \cos \alpha_2$$

$$\frac{\partial Y_t}{\partial \alpha_2} = -\rho_2 \sin \alpha_2 \cos \theta_2$$

$$\frac{\partial Z_t}{\partial \alpha_2} = -\rho_2 \sin \alpha_2 \sin \theta_2$$

$$\frac{\partial X_t}{\partial \theta_2} = 0$$

$$\frac{\partial Y_t}{\partial \theta_2} = -(\rho_2 \cos \alpha_2 + F_2 + R_r) \sin \theta_2$$

$$\frac{\partial Z_t}{\partial \theta_2} = (\rho_2 \cos \alpha_2 + F_2 + R_r) \cos \theta_2$$

即

$$\boldsymbol{r}_{t\alpha_2} = [\rho_2 \cos \alpha_2, \, -\rho_2 \sin \alpha_2 \cos \theta_2, \, -\rho_2 \sin \alpha_2 \sin \theta_2]$$

$$\boldsymbol{r}_{t\theta_2} = [0, \, (-\rho_2 \cos \alpha_2 + F_2 + R_r) \sin \theta_2, \, (\rho_2 \sin \alpha_2 + F_2 + R_r) \cos \theta_2]$$

可得大轮产形轮切削面的法矢为

$$N_t = r_{t\alpha_2} \times r_{t\theta_2} = \begin{vmatrix} \boldsymbol{i}_t & \boldsymbol{j}_t & \boldsymbol{k}_t \\ \dfrac{\partial X_t}{\partial \alpha_2} & \dfrac{\partial Y_t}{\partial \alpha_2} & \dfrac{\partial Z_t}{\partial \alpha_2} \\ \dfrac{\partial X_t}{\partial \theta_2} & \dfrac{\partial Y_t}{\partial \theta_2} & \dfrac{\partial Z_t}{\partial \theta_2} \end{vmatrix}$$

大轮产形轮切削面的单位法矢为

$$\boldsymbol{n}_t = (\sin\alpha_2, \cos\alpha_2\cos\theta_2, \cos\alpha_2\sin\theta_2) \qquad (2-15)$$

由式（2-15）可得单位法矢 $\boldsymbol{n}_t$ 在坐标系 σ_o 的表示为

$$\boldsymbol{n}_o = \sin\alpha_2\boldsymbol{i}_o + \cos\alpha_2\cos(q_2+\theta_2)\boldsymbol{j}_o + \cos\alpha_2\sin(q_2+\theta_2)\boldsymbol{k}_o \qquad (2-16)$$

由图 2-5 可知，产形轮旋转轴为机床摇台旋转轴 X_o，大轮的旋转轴为 Z_2，设它们的单位矢量分别为 $\boldsymbol{i}_o$ 和 $\boldsymbol{k}_2$，则有

$$\boldsymbol{k}_2 = \sin\phi_2\boldsymbol{i}_o + \cos\phi_2\boldsymbol{k}_o$$

以产形轮切削面为第一曲面，大轮齿面为第二曲面，切削时产形轮的角速度为 $\boldsymbol{\omega}_o = \boldsymbol{i}_o$，大轮角速度为 $\boldsymbol{\omega}_2 = i_{o2}\boldsymbol{k}_2$，（$i_{o2}$ 为机床滚比，$i_{o2} = \dfrac{1}{\sin\phi_2}$），可得它们在啮合点的相对角速度 $\boldsymbol{\omega}_{o2}$ 和相对速度 $\boldsymbol{v}_{o2}$ 分别为

$$\boldsymbol{\omega}_{o2} = \boldsymbol{\omega}_o - \boldsymbol{\omega}_2 = \boldsymbol{i}_o - i_{o2}\boldsymbol{k}_2 = -i_{o2}\cos\phi_2\boldsymbol{k}_o = -\cot\phi_2\boldsymbol{k}_o$$
$$\boldsymbol{v}_{o2} = \boldsymbol{\omega}_{o2} \times \boldsymbol{r}_o = Y_o\cot\phi_2\boldsymbol{i}_o - X_o\cot\phi_2\boldsymbol{j}_o \qquad (2-17)$$

由上式可知，$\boldsymbol{v}_{o2Z} = \boldsymbol{0}$，它表示在啮合点沿节圆锥面母线方向无相对滑动。

由式（2-14）中的啮合方程 $\boldsymbol{n}_o \cdot \boldsymbol{v}_{o2} = 0$ 可得

$$Y_o\boldsymbol{n}_{oX} - X_o\boldsymbol{n}_{oY} = 0 \qquad (2-18)$$

将式（2-13）和式（2-16）代入上式，整理后得大轮切齿啮合方程为

$$[(F_2+R_r)\sin\alpha_2 - E_2\cos\alpha_2]\cos(q_2+\theta_2) - u_2\sin q_2\sin\alpha_2 = 0 \qquad (2-19)$$

2.4.4　大轮瞬时接触迹线方程

在任意时刻，两个共轭齿面上所有参与啮合的接触点的集合称为瞬时接触迹线。双圆弧弧齿锥齿轮切齿啮合时的接触迹线 $r_o(q_2,\alpha_2)$ 是同时满足式（2-13）和式（2-19）的解，即

$$\begin{cases} X_o = \rho_2 \sin\alpha_2 + E_2 \\ Y_o = (\rho_2\cos\alpha_2 + F_2 + R_r)\cos(q_2+\theta_2) - u_2\sin q_2 \\ Z_o = (\rho_2\cos\alpha_2 + F_2 + R_r)\sin(q_2+\theta_2) + u_2\cos q_2 \end{cases} \quad (2-20)$$

由式（2-19）得

$$\cos(q_2+\theta_2) = \frac{u_2\sin q_2\sin\alpha_2}{(F_2+R_r)\sin\alpha_2 - E_2\cos\alpha_2}$$

将上式代入式（2-20），消去 θ_2，整理可得

$$\begin{cases} X_o = \rho_2\sin\alpha_2 + E_2 \\ Y_o = \dfrac{u_2(\rho_2\sin\alpha_2+E_2)\cos\alpha_2\sin q_2}{(F_2+R_r)\sin\alpha_2 - E_2\cos\alpha_2} \\ Z_o = (\rho_2\cos\alpha_2+F_2+R_r)\sqrt{1-\left[\dfrac{u_2\sin q_2\sin\alpha_2}{(F_2+R_r)\sin\alpha_2-E_2\cos\alpha_2}\right]^2} + \\ \qquad u_2\cos q_2 \end{cases} \quad (2-21)$$

当 α_2、q_2 均为变量时，式（2-21）表示产形轮的啮合表面；当 α_2 为常数，q_2 为变量时，它表示啮合线方程；当 q_2 为常数，α_2 为变量时，它表示切齿啮合时轮齿表面瞬时接触迹线方程。由此可知，q_2 不断改变可以得到一系列轮齿齿面上的瞬时接触迹线，这些瞬时接触迹线的集合构成了大轮齿面，也就是瞬时接触迹线在坐标系 σ_2 中连续运动便形成了大轮齿面。

由以上分析可知，将式（2-21）经过两次坐标变换，可得到大
轮齿面方程，即

$$r_2 = M_{2a}M_{ao}r_o$$

$$= \begin{bmatrix} \cos\varphi_2 & \sin\varphi_2 & 0 & 0 \\ -\sin\varphi_2 & \cos\varphi_2 & 0 & 0 \\ 0 & 0 & 1 & 0 \\ 0 & 0 & 0 & 1 \end{bmatrix} \begin{bmatrix} \cos\phi_2 & 0 & -\sin\phi_2 & 0 \\ 0 & 1 & 0 & 0 \\ \sin\phi_2 & 0 & \cos\phi_2 & 0 \\ 0 & 0 & 0 & 1 \end{bmatrix} \begin{bmatrix} X_o \\ Y_o \\ Z_o \\ 1 \end{bmatrix}$$

整理后可得

$$\begin{cases} X_2 = \cos\varphi_2\cos\phi_2 X_o + \sin\varphi_2 Y_o - \cos\varphi_2\sin\phi_2 Z_o \\ Y_2 = -\sin\varphi_2\cos\phi_2 X_o + \cos\varphi_2 Y_o + \sin\varphi_2\sin\phi_2 Z_o \quad (2-22) \\ Z_2 = \sin\phi_2 X_o + \cos\phi_2 Z_o \end{cases}$$

2.5 小轮（小齿轮）齿面方程

小轮齿面方程的推导过程与大轮齿面方程的推导过程类似。为了
便于采用 TCA 方法分析时讨论大、小齿轮的安装和啮合，本文建立
的小轮坐标系与加工大轮时的坐标系有所不同。

2.5.1 小轮产成坐标系

小轮左旋时，依据 Gleason 铣齿机的加工原理，产形轮逆时针旋
转，工件顺时针旋转。具体坐标系如下。

（1）$\sigma_m = [O_m - X_m Y_m Z_m]$ 为固定坐标系，坐标系原点 O_m 位于机床
摇台旋转轴上，Y_m 轴、Z_m 轴均位于平面齿轮的节平面内，且 Z_m 轴与
平面齿轮的瞬时旋转轴重合，而 X_m 轴则垂直于平面齿轮的节平面且

与机床摇台旋转轴重合，如图 2-7 所示。

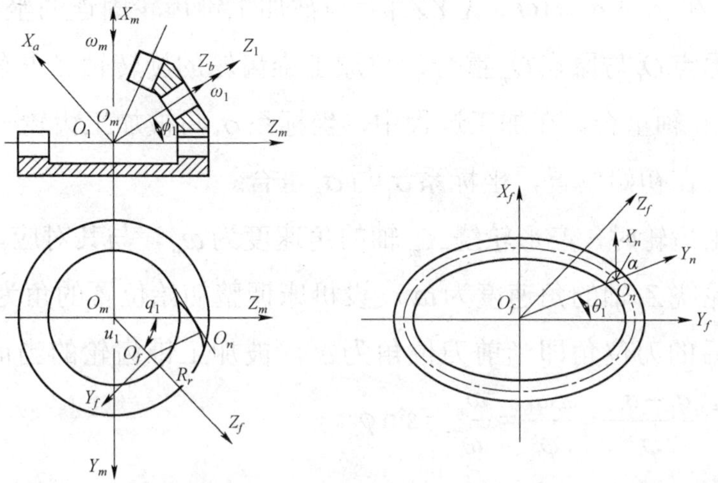

图 2-7　小轮产成坐标系（左旋）

（2）$\sigma_f =[O_f - X_f Y_f Z_f]$ 为与产形轮固连的坐标系，其坐标系原点 O_f 位于铣刀盘中心，X_f 轴与铣刀盘旋转轴重合，Y_f 轴、Z_f 轴位于产形轮的节平面内，且 Z_f 轴通过位于机床摇台旋转轴上的原点 O_m，与 Z_m 轴的夹角为刀位角 q_1，原点 O_f 与 O_m 之间的距离为刀位 u_1。

（3）坐标系 $\sigma_n =[O_n - X_n Y_n Z_n]$ 为与产形轮的产形齿廓固连的坐标系，其坐标系原点 O_n 位于产形轮节平面内以 O_f 为圆心、以铣刀盘名义半径 R_r 为半径的圆周上，X_n 轴平行于 X_f 轴，与铣刀盘旋转轴重合，刀齿圆弧齿廓绕 X_f 轴旋转形成产形轮齿面。Y_n 轴、Z_n 轴均位于产形轮节平面内，且 Y_n 轴通过原点 O_f。

（4）坐标系 $\sigma_b =[O_b - X_b Y_b Z_b]$ 为辅助坐标系，用来描述被加工小齿轮在机床上的安装位置，与机床坐标系 σ_m 固连。其坐标系原点 O_b 与原点 O_m 重合，Z_m 轴与 Z_b 轴之间的夹角为 ϕ_1（ϕ_1 为大齿轮的节圆锥面角）。

（5）坐标系 $\sigma_1 = [O_1 - X_1 Y_1 Z_1]$ 为与被加工锥齿轮固连的坐标系，其坐标系原点 O_1 与原点 O_m 重合，被加工锥齿轮的旋转轴 Z_1 与辅助坐标系 σ_b 的 Z_b 轴重合。在加工过程中，坐标系 σ_1 与被加工齿轮一起绕 Z_b 轴旋转。在初始位置，坐标系 σ_1 与 σ_b 重合。

加工齿轮时，产形轮绕 X_m 轴的角速度为 ω_m，与其对应，被加工的锥齿轮绕 Z_1 轴的角速度为 ω_1。设机床调整初始位置的角为 q_{1o}，开始加工后的刀位角即当前刀位角为 q_1，被加工锥齿轮的当前转角为 φ_1，则有 $\dfrac{q_1 - q_{1o}}{\varphi_1} = \dfrac{\Delta q_1}{\varphi_1} = \dfrac{\omega_m}{\omega_1} = \sin \phi_1$。

2.5.2 小轮产形轮齿面方程

小轮产形轮齿面方程同大轮产形轮齿面方程推导过程相似。将式（2−1）表示为小轮的形式，即

$$\begin{cases} X_{n1} = \rho_1 \sin \alpha_1 + E_1 \\ Y_{n1} = \rho_1 \cos \alpha_1 + F_1 \\ Z_{n1} = 0 \end{cases} \qquad (2-23)$$

其中 $\alpha_1 \in [\alpha', \alpha'']$。

1）小轮坐标变换

将坐标系 σ_n 转为坐标系 σ_f 的坐标变换矩阵为

$$\boldsymbol{M}_{fn} = \begin{bmatrix} 1 & 0 & 0 & 0 \\ 0 & \cos\theta_1 & -\sin\theta_1 & R_r \cos\theta_1 \\ 0 & \sin\theta_1 & \cos\theta_1 & R_r \sin\theta_1 \\ 0 & 0 & 0 & 1 \end{bmatrix}$$

将坐标系 σ_f 转为坐标系 σ_m 的坐标变换矩阵为

$$\boldsymbol{M}_{mf} = \begin{bmatrix} 1 & 0 & 0 & 0 \\ 0 & \cos q_1 & \sin q_1 & u_1 \sin q_1 \\ 0 & -\sin q_1 & \cos q_1 & u_1 \cos q_1 \\ 0 & 0 & 0 & 1 \end{bmatrix}$$

将坐标系 σ_m 转为坐标系 σ_b 的坐标变换矩阵为

$$\boldsymbol{M}_{bm} = \begin{bmatrix} \cos \phi_1 & 0 & -\sin \phi_1 & 0 \\ 0 & 1 & 0 & 0 \\ \sin \phi_1 & 0 & \cos \phi_1 & 0 \\ 0 & 0 & 0 & 1 \end{bmatrix}$$

将坐标系 σ_b 转为坐标系 σ_1 的坐标变换矩阵为

$$\boldsymbol{M}_{1b} = \begin{bmatrix} \cos \varphi_1 & 0 & -\sin \varphi_1 & 0 \\ 0 & 1 & 0 & 0 \\ \sin \varphi_1 & 0 & \cos \varphi_1 & 0 \\ 0 & 0 & 0 & 1 \end{bmatrix}$$

2）小轮产形轮切削面方程

小轮产形轮切削面方程为

$$\boldsymbol{r}_f = \boldsymbol{M}_{fn}\boldsymbol{r}_n = \begin{bmatrix} \rho_1 \sin \alpha_1 + E_1 \\ (\rho_1 \cos \alpha_1 + F_1 + R_r) \cos \theta_1 \\ (\rho_1 \cos \alpha_1 + F_1 + R_r) \sin \theta_1 \\ 1 \end{bmatrix} \tag{2-24}$$

3）小轮产形轮齿面方程

将小轮产形轮切削面方程表示在坐标系 σ_m 中，可得小轮产形轮齿面方程，即

$$r_m = M_{mf}r_f = \begin{bmatrix} \rho_1 \sin\alpha_1 + E_1 \\ (\rho_1 \cos\alpha_1 + F_1 + R_r)\cos(q_1 - \theta_1) + u_1 \sin q_1 \\ -(\rho \cos\alpha_1 + F_1 + R_r)\sin(q_1 - \theta_1) + u_1 \cos q_1 \\ 1 \end{bmatrix} \qquad (2-25)$$

2.5.3 小轮切齿啮合方程

小轮切齿啮合方程与大轮切齿啮合方程的推导过程相似，得到小轮产形轮与工件的相对角速度 $\boldsymbol{\omega}_{m1}$ 和相对速度 $\boldsymbol{v}_{m1}$ 分别为

$$\boldsymbol{\omega}_{m1} = \boldsymbol{i}_m - \frac{1}{\sin\phi_1}(\sin\phi_1\boldsymbol{i}_m + \cos\phi_1\boldsymbol{k}_m) = -\cot\phi_1\boldsymbol{k}_m \qquad (2-26)$$

$$\boldsymbol{v}_{m1} = \boldsymbol{\omega}_{m1} \times \boldsymbol{r}_m = Y_m \cot\phi_1\boldsymbol{i}_m - X_m \cot\phi_1\boldsymbol{j}_m \qquad (2-27)$$

小轮产形轮切削面单位法矢为

$$\boldsymbol{n}_f = \sin\alpha_1\boldsymbol{i}_f + \cos\alpha_1 \cos\theta_1\boldsymbol{j}_f + \cos\alpha_1 \sin\theta_1\boldsymbol{k}_f \qquad (2-28)$$

单位法矢 $\boldsymbol{n}_f$ 在坐标系 σ_m 表示为

$$\boldsymbol{n}_m = \sin\alpha_1\boldsymbol{i}_m + \cos\alpha_1 \cos(q_1 - \theta_1)\boldsymbol{j}_m - \cos\alpha_1 \sin(q_1 - \theta_1)\boldsymbol{k}_m \qquad (2-29)$$

因此小轮切齿啮合方程为

$$[(F_1 + R_r)\sin\alpha_1 - E_1 \cos\alpha_1]\cos(q_1 - \theta_1) + u_1 \sin q_1 \sin\alpha_1 = 0 \qquad (2-30)$$

2.5.4 小轮瞬时接触迹线方程

由式（2-30）可得

$$\cos(q_1 - \theta_1) = \frac{-u_1 \sin q_1 \sin\alpha_1}{(F_1 + R_r)\sin\alpha_1 - E_1 \cos\alpha_1}$$

将上式代入式（2-25），消去 θ_1，进一步整理可得小轮瞬时接触迹线方程，即

$$\begin{cases} X_m = \rho_1 \sin\alpha_1 + E_1 \\ Y_m = \dfrac{u_1(\rho_1\sin\alpha_1 + E_1)\cos\alpha_1\sin q_1}{(F_1 + R_r)\sin\alpha_1 - E_1\cos\alpha_1} \\ Z_m = -(\rho_1\cos\alpha_1 + F_1 + R_r)\sqrt{1 - \left[\dfrac{u_1\sin q_1\sin\alpha_1}{(F_1 + R_r)\sin\alpha_1 - E_1\cos\alpha_1}\right]^2} + \\ \qquad u_1\cos q_1 \end{cases} \quad (2-31)$$

将式（2-31）经过两次坐标变换，可得小轮齿面方程，即

$$\boldsymbol{r}_1 = \boldsymbol{M}_{1b}\boldsymbol{M}_{bm}\boldsymbol{r}_m$$

$$= \begin{bmatrix} \cos\varphi_1 & -\sin\varphi_1 & 0 & 0 \\ \sin\varphi_1 & \cos\varphi_1 & 0 & 0 \\ 0 & 0 & 1 & 0 \\ 0 & 0 & 0 & 1 \end{bmatrix} \begin{bmatrix} \cos\phi_1 & 0 & -\sin\phi_1 & 0 \\ 0 & 1 & 0 & 0 \\ \sin\phi_1 & 0 & \cos\phi_1 & 0 \\ 0 & 0 & 0 & 1 \end{bmatrix} \begin{bmatrix} X_m \\ Y_m \\ Z_m \\ 1 \end{bmatrix}$$

整理后可得

$$\begin{cases} X_1 = \cos\varphi_1\cos\phi_1 X_m - \sin\varphi_1 Y_m - \cos\varphi_1\sin\phi_1 Z_m \\ Y_1 = \sin\varphi_1\cos\phi_1 X_m + \cos\varphi_1 Y_m - \sin\varphi_1\sin\phi_1 Z_m \\ Z1 = \sin\phi_1 X_m + \cos\phi_1 Z_m \end{cases} \quad (2-32)$$

2.6　跑合齿面方程

双圆弧弧齿锥齿轮是等高齿制，可以采用产形轮加工原理，齿面加工示意如图 2-8 所示。图 2-8 建立的空间固定坐标系 S_o 中，坐标原点 O 是产形轮和锥齿轮两轴线的交点，X_o 轴与两轴线垂直，Y_o 轴是产形轮轴线，Z_o 轴是锥齿轮的节圆锥面与假想平面（产形轮节平面）相切的一条母线。

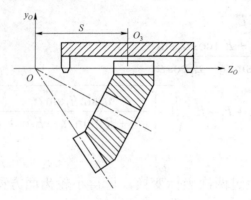

图2-8　齿面加工示意

　　根据圆弧齿廓的条件，建立产形面方程，加工双圆弧齿廓的刀刃齿廓示意如图2-9所示。

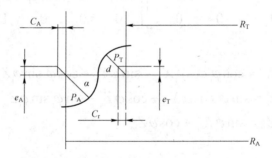

图2-9　加工双圆弧齿廓的刀刃齿廓示意

　　建立产形面在产形轮坐标系S_d内的方程。在坐标系S_d中，Z_o轴与Y_d轴重合，Y_d轴与Y_o轴垂直，刀刃从初始位置转动v角时，（被加工锥齿轮转动θ），产形面方程为

$$\begin{cases} X_d = (R + \rho\cos\alpha + C)\sin v \\ Y_d = \rho\sin\alpha + e \\ Z_d = S + (R + \rho\cos\alpha + C)\cos v \end{cases} \qquad (2-33)$$

　　产形面法矢为

$$\begin{cases} \boldsymbol{n}_{dX} = \boldsymbol{i}_o\cos\alpha\sin v \\ \boldsymbol{n}_{dY} = \boldsymbol{j}_o\sin\alpha \\ \boldsymbol{n}_{dZ} = \boldsymbol{k}_o\cos\alpha\cos v \end{cases} \quad (2-34)$$

从产形面坐标系 S_d 转换到固定坐标系 S_o 的矩阵为

$$\boldsymbol{M}_{od} = \begin{bmatrix} \cos q & 0 & -\sin q \\ 0 & 1 & 0 \\ \sin q & 0 & \cos q \end{bmatrix} \quad (2-35)$$

利用此矩阵可得产形面在固定坐标系 S_o 的方程，即

$$\begin{cases} X_o = (R+\rho\cos\alpha+C)\sin(v-q)-S\sin q \\ Y_o = \rho\sin\alpha+e \\ Z_o = (R+\rho\cos\alpha+C)\cos(v-q)+S\cos q \end{cases} \quad (2-36)$$

同样，法矢为

$$\begin{cases} \boldsymbol{n}_{oX} = \boldsymbol{i}_o\cos\alpha\sin(v-q) \\ \boldsymbol{n}_{oY} = \boldsymbol{j}_o\sin\alpha \\ \boldsymbol{n}_{oZ} = \boldsymbol{k}_o\cos\alpha\cos(v-q) \end{cases} \quad (2-37)$$

把式（2-37）代入啮合方程，得

$$\boldsymbol{n}\cdot\boldsymbol{v} = \boldsymbol{n}_o\cdot(\boldsymbol{\omega}\times\boldsymbol{r}_o) = \boldsymbol{\omega}\cdot(\boldsymbol{r}_o\times\boldsymbol{n}_o) = 0$$

得到啮合方程的具体形式，即

$$(R+C-e\cot\alpha)\sin(v-q)-\sin q = 0 \quad (2-38)$$

在设计的接触点处，α 是固定值，则有

$$C = e\cot\alpha$$

在该点处，啮合方程可进一步简化为辅助公式，即

$$R\sin(v-q) = R\cos\beta = S\sin q$$

其中，$v = q+\gamma = 90°+q-\beta$。因此，可得接触点在固定坐标系 S_o 的方程，即

$$\begin{cases} X_{jo} = (\rho\cos\alpha + C)\cos\beta \\ Y_{jo} = \rho\sin\alpha \\ Z_{jo} = (R + \rho\cos\alpha + C)\sin\beta + S\cos q \end{cases} \quad (2-39)$$

对于完全跑合的双圆弧弧齿锥齿轮来说，$C = e = 0$，其齿面方程形式与设计接触点的方程相同，只是其中的 α 是变量。对于这种齿轮，可以认为其瞬时接触区在法面的整个齿廓上，如图 2-10 所示。在图 2-9 中，$S_o = [O\text{-}XYZ]$ 为固定坐标系，$S_I = [O_I\text{-}X_IY_IZ_I]$ 为与大齿轮固连的动坐标系，$S^I = [O^I\text{-}X^IY^IZ^I]$ 为与小齿轮固连的动坐标系。

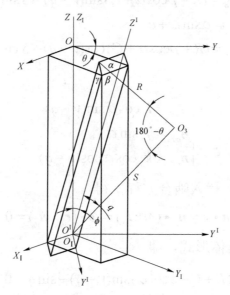

图 2-10 瞬时接触迹线示意

从固定坐标系 S_o 转换到坐标系 S_I 和 S^I 的转换矩阵 $\boldsymbol{M}_I$ 和 $\boldsymbol{M}^I$ 分别为

$$\boldsymbol{M}_I = \begin{bmatrix} 1 & 0 & 0 \\ 0 & \cos\varphi & \sin\varphi \\ 0 & -\sin\varphi & \cos\varphi \end{bmatrix}, \quad \boldsymbol{M}^I = \begin{bmatrix} \cos\theta & \sin\theta & 0 \\ -\sin\theta & \cos\theta & 0 \\ 0 & 0 & 1 \end{bmatrix}。$$

接触点的方程式在齿轮坐标系 S_I 中可表示为

$$\begin{cases} X_{\mathrm{I}} = (\rho\cos\alpha + C)\cos\beta \\ Y_{\mathrm{I}} = (\rho\sin\alpha + e)\cos\varphi + [S\cos q + (\rho\cos\alpha + C)\sin\beta]\sin\varphi \\ Z_{\mathrm{I}} = -(\rho\sin\alpha + e)\sin\varphi + [S\cos q + (R + \rho\cos\alpha + C)\sin\beta]\cos\varphi \end{cases} \quad (2-40)$$

接触点的方程式在坐标系 S^{I} 中可表示为

$$\begin{cases} X^{\mathrm{I}} = (\rho\cos\alpha + C)\cos\beta\cos\theta + \\ \qquad \{(\rho\sin\alpha + e)\cos\phi + [S\cos q + (R + \rho\cos\alpha + C)\sin\beta]\sin\phi\}\sin\theta \\ Y^{\mathrm{I}} = -(\rho\cos\alpha + C)\cos\beta\sin\theta + \\ \qquad \{(\rho\sin\alpha + e)\cos\phi + [S\cos q + (R + \rho\cos\alpha + C)\sin\phi]\}\cos\theta \\ Z^{\mathrm{I}} = -(\rho\sin\alpha + e)\sin\phi + [S\cos q + (R + \rho\cos\alpha + C)\sin\beta]\cos\phi \end{cases}$$

$$(2-41)$$

未跑合的齿轮应采用啮合方程和产形面方程联立，转换到坐标系 S_o 中的形式为

$$\begin{cases} X = (\rho + e/\sin\alpha)\cos\alpha\sin(\nu - q) \\ Y = \rho\sin\alpha + e \\ Z = (R + \rho\cos\alpha + C)\cos(\nu - q) + S\cos q \end{cases} \quad (2-42)$$

在坐标系 S_{I} 中齿面方程式为

$$\begin{cases} X_{\mathrm{I}} = (\rho + e/\sin\alpha)\cos\alpha\sin(\nu - q) \\ Y_{\mathrm{I}} = (\rho\sin\alpha + e)\cos\phi + [S\cos q + (R + \rho\cos\alpha + C)\cos(\nu - q)]\sin\phi \\ Z_{\mathrm{I}} = -(\rho\sin\alpha + e)\sin\phi + [S\cos q + (R + \rho\cos\alpha + C)\cos(\nu - q)]\cos\phi \end{cases}$$

$$(2-43)$$

在坐标系 S^{I} 中齿面方程式为

$$\begin{cases} X^{\mathrm{I}} = X_{\mathrm{I}}\cos\theta + Y_{\mathrm{I}}\sin\theta \\ Y^{\mathrm{I}} = -X_{\mathrm{I}}\sin\theta + Y_{\mathrm{I}}\cos\theta \\ Z^{\mathrm{I}} = Z_{\mathrm{I}} \end{cases} \quad (2-44)$$

齿轮齿面的法矢分别为

$$\begin{cases} \boldsymbol{n}_{1X} = \boldsymbol{i}_o[\cos\alpha\sin(\nu-q)] \\ \boldsymbol{n}_{1Y} = \boldsymbol{j}_o[\sin\alpha\cos\phi+\cos\alpha\cos(\nu-q)\sin\phi] \\ \boldsymbol{n}_{1Z} = -\boldsymbol{k}_o[\sin\alpha\sin\phi+\cos\alpha\cos(\nu-q)\cos\phi] \end{cases} \quad (2-45)$$

$$\begin{cases} \boldsymbol{n}_X^{\mathrm{I}} = \boldsymbol{i}_o\{\cos\alpha\sin(\nu-q)\cos\theta+ \\ \qquad [\sin\alpha\cos\phi+\cos\alpha\cos(\nu-q)\sin\phi]\sin\theta\} \\ \boldsymbol{n}_Y^{\mathrm{I}} = -\boldsymbol{j}_o\{\cos\alpha\sin(\nu-q)\sin\theta+ \\ \qquad [\sin\alpha\cos\phi+\cos\alpha\cos(\nu-q)\sin\phi]\cos\theta\} \\ \boldsymbol{n}_Z^{\mathrm{I}} = -\boldsymbol{k}_o[\sin\alpha\sin\phi+\cos\alpha\cos(\nu-q)\cos\phi] \end{cases} \quad (2-46)$$

采用简单单面切削法加工齿轮时，相啮合的一对齿轮采用同一铣刀盘加工，只是螺旋角相反，所以只需将（$-\phi$）代入式（2-45）和式（2-46），并且注意凸凹齿廓啮合的关系，代入适当的齿廓参数，即可得到另一个齿轮的齿面方程。

在齿面方程中，其他参数是由齿轮设计要求决定的，如齿廓圆弧半径 ρ 由模数 m、压力角 α、齿高系数 h^*、节点移距 e、工艺角 δ 决定，即

$$\rho = \frac{mh^* - e}{\sin(2\alpha+\delta)} \quad (2-47)$$

齿面方程中的变量有 ν、α、q、θ，根据辅助公式和角度关系式，q 和 ν 也是由 θ 决定的，所以齿面方程是一个二元变量的方程。若设计接触点也是固定值，则齿面方程为单变量方程。刀刃切齿时，沿着齿高方向在一个法面只有一个接触点，这是由于压力角和螺旋角的变化，齿面与刀刃的齿廓圆心不在节点等因素所致。从啮合方程可以看出，产形面与齿面的瞬时接触迹线近似一条螺旋线，齿廓圆心与节点重合时，瞬时接触迹线在同一法面里，即法向齿廓。

第 3 章
双圆弧弧齿锥齿轮齿廓的参数

本章主要讨论双圆弧弧齿锥齿轮的齿面构型、齿廓合理半径等关键问题，确定有利于跑合的齿廓半径计算方法。在确定齿轮齿面参数之后，设计刀齿齿廓曲线的有关参数。双圆弧弧齿锥齿轮的加工原理与 Gleason 锥齿轮一样，均采用铣刀盘进行加工，但刀齿是在 Gleason 刀齿基础上进行铲磨加工制成的。

跑合是影响双圆弧弧齿锥齿轮承载能力的关键因素。从齿面几何来看，跑合的本质是使啮合齿廓的凸凹曲率半径发生变化，增大凸齿圆弧半径，减小凹齿圆弧半径，最终曲率半径趋于一致形成紧密贴合接触状态。曲率半径设计直接影响跑合性能。

双圆弧弧齿锥齿轮的圆弧齿廓各段圆弧参数设计灵活，可以结合具体工况，从有利于跑合的角度设计合理的曲率半径。

为便于分析问题，本节将锥齿轮的空间啮合问题简化为齿廓法面的平面啮合问题。法向齿廓研究是齿轮设计的重要环节，也是齿面加工及刀具设计的基本依据。

理论上，当齿轮传动装置的结构及其运动规律确定之后，相啮合的共轭齿面有无数种，但生产实践中必须考虑齿面加工工艺的可行性，齿轮传动只能采用几种有限的共轭曲面作为齿面齿廓。从整体几何学的观点分析，确定齿轮齿廓参数的实质是确定齿面上各点的位置；而从微分几何角度考虑，确定齿轮齿廓参数是确定齿面上给定讨论点邻域内的微分结构，即该点齿面的法曲率问题。

3.1 圆弧齿廓的合理曲率半径

3.1.1 曲率半径与平稳传动的关系

由于圆弧齿廓定速比传动的完全共轭齿廓曲线不是圆弧，因此圆弧齿轮没有端面重合度，只有设计为斜齿轮，才能利用轴向重合度进行定传动比传动。直交轴不能设计为直齿锥齿轮，必须有轴向重合度才能实现定传比传动，采用弧齿锥齿轮形式是为了传动更加平稳。圆弧齿轮需要研究的问题是，若没有轴向重合度，如何使圆弧齿轮传动时获得近似定传动比传动的传动。

只要使啮合齿轮的齿廓曲率半径在讨论的啮合点满足 Euler − Savary 公式，在该点上便能满足定传动比的共轭要求，即一对啮合的圆弧齿轮，如果在指定点按照 Euler − Savary 公式给定的曲率半径确定其圆弧齿廓，则在该点满足定速比共轭的要求，而除了此点，即使是非常接近的另一点，也不能满足共轭要求，即传动比 i 不是常量，而是关于时间 t 的函数 $i(t)$。

设 $t = 0$ 为定点啮合的瞬间，将传动比在指定啮合点按麦克劳林（Maclaurin）级数展开得

$$i(t) = i(0) + i'(0)t + \frac{1}{2}i''(0)t^2 + \frac{1}{3}i'''(0)t^3 + \cdots$$

一对圆弧齿轮按定传动比传动时，

$$i'(0) = i''(0) = i'''(0) = \cdots = 0$$

可得

$$i(t) = i(0) = 常量$$

从中可以得出结论：当一对圆弧齿轮啮合时，若在指定点的曲率半径满足 Euler – Savary 公式，可得 $\left.\dfrac{\mathrm{d}i}{\mathrm{d}t}\right|_{t=0} = 0$，只有一阶近似定传动比传动。

为了使啮合齿轮的圆弧齿廓在指定点邻域内获得定传动比传动，必须要有高一阶的近似定传动比传动，这种设计思路在 Gleason 锥齿轮设计加工中应用极广，即

$$\left.\frac{\mathrm{d}^2 i}{\mathrm{d}t^2}\right|_{t=0} = \left.\frac{\mathrm{d}i}{\mathrm{d}t}\right|_{t=0} = 0$$

在二阶近似定传动比传动条件下推导圆弧齿轮曲率半径公式，可以看出：若仅满足 Euler – Savary 公式，一对啮合的圆弧齿廓曲率半径可能有无数种，只有在同时满足二阶近似定传动比传动条件下，才能使两个圆弧齿轮的曲率半径得到确定的唯一解。

3.1.2　啮合方程

锥齿轮任意给定锥距处背锥展开面上当量圆柱齿轮啮合的传动示意如图 3 – 1 所示。图中，$\boldsymbol{\omega}_1$、$\boldsymbol{\omega}_2$ 分别为齿轮 1 和齿轮 2 的角速度矢量，也表示传动轴。为了方便分析，设 $\boldsymbol{\omega}_1$ 为常量，并令其径矢为 $\hat{\boldsymbol{\omega}}_1$，

M 点为齿形上的任意啮合点，r_1、r_2 为齿轮 1 的转动中心 O_1 与齿轮 2 的转动中心 O_2 至 M 点的径矢，M' 点为啮合节点，r_1' 为齿轮 1 的转动中心 O_1 对啮合节点 M' 的径矢。

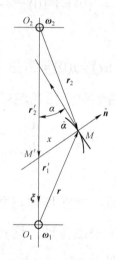

图 3-1　当量圆柱齿轮啮合的传动示意

当 M 点进入啮合时，有

$$v_{12} \cdot \hat{n} = 0 \qquad (3-1)$$

式（3-1）为啮合方程，其中 $\hat{n}$ 为 M 点的齿形法矢，由齿轮 1 的实体指向空域，v_{12} 为齿轮啮合时 M 点处的相对速度矢，可以写成

$$v_{12} = \hat{\omega}_1 \times r_1 - \omega_2 \times r_2$$

设 $\left|\dfrac{\omega_2}{\hat{\omega}_1}\right| = i$，则有 $\omega_2 = -i\hat{\omega}_1$，此时 $v_{12} = \hat{\omega}_1 \times (r_1 + ir_2)$。设 $\overrightarrow{O_2O_1} = \xi$，则有

$$r_2 = \xi + r_1$$

这时 $v_{12} = (1+i)\hat{\omega}_1 \times \left(r_1 + \dfrac{i}{1+i}\xi\right)$。令 $r_1' = -\dfrac{i}{1+i}\xi$，则有

$$v_{12} = (1+i)\hat{\boldsymbol{\omega}}_1 \times (\boldsymbol{r}_1 - \boldsymbol{r}_1') \qquad (3-2)$$

当 $\boldsymbol{r}_1 = \boldsymbol{r}_1'$ 时，

$$v_{12} = \boldsymbol{0}$$

式（3-1）可以写成

$$(1+i)\left[\hat{\boldsymbol{n}} \times \hat{\boldsymbol{\omega}}_1 \times (\boldsymbol{r}_1 - \boldsymbol{r}_1') \right] = \boldsymbol{0} \qquad (3-3)$$

令 $\hat{\boldsymbol{\alpha}} = \hat{\boldsymbol{n}} \times \hat{\boldsymbol{\omega}}$（$\hat{\boldsymbol{\alpha}}$ 为 M 点的切矢），式（3-3）可以写成

$$(1+i)\,\hat{\boldsymbol{\alpha}} \times (\boldsymbol{r}_1 - \boldsymbol{r}_1') = \boldsymbol{0} \ \text{或} \ \left| \hat{\boldsymbol{\alpha}} \times (\boldsymbol{r}_1 - \boldsymbol{r}_1') \right| = 0 \qquad (3-4)$$

3.1.3　合理曲率半径

由一阶近似定传动比传动和二阶 Euler-Savary 公式得

$$\begin{cases} \dfrac{1}{\rho_1 - x} + \dfrac{1}{\rho_2 + x} = \dfrac{1}{\sin\alpha}\left(\dfrac{1}{|\,\boldsymbol{r}_1'\,|} + \dfrac{1}{|\,\boldsymbol{r}_2'\,|} \right) \\ (2+i)\rho_1 - (1+2i)\rho_2 - 3(1+i)x = 0 \end{cases} \qquad (3-5)$$

式中　ρ_1——一阶近似定传动比传动时圆弧齿轮的曲率半径；

$\qquad\rho_2$——二阶近似定传动比时圆弧齿轮的曲率半径；

$\qquad x$——曲率半径的变化；

$\qquad \alpha$——径矢 $\boldsymbol{r}_1$、$\boldsymbol{r}_2$ 的夹角。

解式（3-5）得出同时满足一阶和二阶近似定传动比传动时圆弧齿轮曲率半径的关系式（3-6）。

$$\begin{cases} \rho_1 = \dfrac{3\,|\,\boldsymbol{r}_1'\,|\sin\alpha}{2+i} + x \\ \rho_2 = \dfrac{3\,|\,\boldsymbol{r}_2'\,|\sin\alpha}{2+i} - x \end{cases} \qquad (3-6)$$

在啮合节点 M'，$x = 0$，式（3-6）可简化为

$$\begin{cases} \rho_1' = \dfrac{3\,|\,\boldsymbol{r}_1'\,|\sin\alpha}{2+i} \\[3mm] \rho_2' = \dfrac{3\,|\,\boldsymbol{r}_2'\,|\sin\alpha}{2+i} \end{cases} \tag{3-7}$$

3.1.4 啮合点到啮合节点的距离

利用式（3-6）计算圆弧齿轮曲率半径时，必须推导出齿廓任意指定点到啮合节点 M' 距离 x 的关系式。

将 $\boldsymbol{r}_1 = \boldsymbol{r}_1' + x\hat{\boldsymbol{n}}$ 等式两边平方，得

$$\begin{aligned} (\boldsymbol{r}_1)^2 &= (\boldsymbol{r}_1')^2 + x^2 + 2x\boldsymbol{r}_1'\hat{\boldsymbol{n}} \\ &= (\boldsymbol{r}_1')^2 + x^2 + 2x\boldsymbol{r}_1'\sin\alpha \end{aligned} \tag{3-8}$$

令 $\Delta\boldsymbol{h} = |\,\boldsymbol{r}_1\,| - |\,\boldsymbol{r}_1'\,|$，则 $\boldsymbol{r}_1 = \boldsymbol{r}_1' + \Delta\boldsymbol{h}$，式（3-8）可写成

$$x^2 + 2x\,|\,\boldsymbol{r}_1'\,|\sin\alpha - [2\boldsymbol{r}_1' \times \Delta\boldsymbol{h} + (\Delta\boldsymbol{h})^2] = 0 \tag{3-9}$$

解得

$$x = -|\,\boldsymbol{r}_1'\,|\sin\alpha + \sqrt{(\boldsymbol{r}_1')^2\sin^2\alpha + 2\boldsymbol{r}_1' \times \Delta\boldsymbol{h} + (\Delta\boldsymbol{h})^2} \tag{3-10}$$

x 是关于 Δh 的函数，即

$$x(\Delta\boldsymbol{h}) = \sqrt{(\Delta\boldsymbol{h})^2 + 2\boldsymbol{r}_1' \times \Delta\boldsymbol{h} + (\boldsymbol{r}_1')^2\sin^2\alpha} - |\,\boldsymbol{r}_1'\,|\sin\alpha$$

按 Maclaurin 级数展开，得

$$\begin{aligned} x(\Delta\boldsymbol{h}) &= x(0) + x'(0)\Delta\boldsymbol{h} + \frac{1}{2}x''(0)(\Delta\boldsymbol{h})^2 + \frac{1}{3!}x'''(0)(\Delta\boldsymbol{h})^3 + \cdots \\ &\approx x(0) + x'(0)\Delta\boldsymbol{h} \end{aligned}$$

其中 $x(0) = 0$

$$x'(\Delta\boldsymbol{h}) = \frac{\boldsymbol{r}_1' + |\,\Delta\boldsymbol{h}\,|}{\sqrt{(\boldsymbol{r}_1')^2\sin^2\alpha + 2\boldsymbol{r}_1' \times \Delta\boldsymbol{h} + (\Delta\boldsymbol{h})^2}}$$

$$x'(0) = \frac{1}{\sin \alpha}$$

得

$$x \approx \frac{|\Delta h|}{\sin \alpha} \qquad (3-11)$$

利用式（3-6）、（3-11），即可确定啮合圆弧齿廓齿轮 1 与齿轮 2 的合理曲率半径。

从齿轮传动、接触区位置控制的观点出发，上述的 M 点不应任意选取。直刃范成锥齿轮的 M 点取背锥展开面上的工作齿高中点比较理想，而双圆弧弧齿锥齿轮的圆弧齿廓借鉴了这一结论，有

$$\Delta h = \frac{h_0^1 - h_0^2}{2} \qquad (3-12)$$

式中　h_0^1——齿轮 1 的工作齿高；

h_0^2——齿轮 2 的工作齿高。

当 M 点位于平均锥距背锥展开面的工作齿高中点时，式（3-12）写成

$$\Delta h = \frac{h_{0m}^1 - h_{0m}^2}{2} \qquad (3-13)$$

式中　h_{0m}^1——M 点位于平均锥距背锥展开面的工作齿高中点时，齿轮 1 的工作齿高；

h_{0m}^2——M 点位于平均锥距背锥展开面的工作齿高中点时，齿轮 2 的工作齿高。

3.2　点共轭齿面接触区控制

采用点共轭曲面作为传从动轮的齿面（点共轭齿面），若假定齿

轮是理想刚体，则啮合传动的任意瞬时都是点接触，传从动轮的齿面从啮入到啮出，各个瞬时接触点在齿面上形成一条线，称为点共轭齿面上的工作线。实际的轮齿总是存在弹性变形，瞬时接触点变成瞬时接触小面，轮齿上的各瞬时接触小面形成接触区。随着跑合的进行，接触区的两个齿面曲率半径趋于一致，啮合时形成紧密的贴合面。

确定轮齿齿面的关键是点共轭齿面接触区的控制方法，其中齿面接触区的控制通常是指对接触区位置、大小及方向的控制。

（1）接触区的位置：在齿面上选取适当的接触基准点。

（2）接触区的大小：根据齿轮的弹性特征，在接触基准点上给出该点邻域相对形状的相对法曲率，控制在该点邻域的接触区大小。

（3）接触区的方向：控制齿面接触点上工作线的方向，以避免出现对角接触。

双圆弧弧齿锥齿轮采用等高齿制，不必进行工作线方向的控制，其接触区方向仅取决于齿面相对主曲率的方向。

3.3　相对法曲率

点共轭齿面的接触区大小要求确定之后，其共轭齿面的相对结构就可以确定，即共轭齿面的两个相对主曲率 k_{12}、k_{21} 可以确定，如果 k_{12} 决定接触区的长度，k_{21} 则决定接触区的宽度。

根据相对主曲率的定义，设 N 点为接触基准点，则有

$$k_{12} = k_1' - k_1'' \qquad （3-14）$$

$$k_{21} = k_2' - k_2'' \qquad （3-15）$$

式中　k_{12}——齿面 Σ_1、Σ_2 的第一相对主曲率，即 N 点沿齿宽方向的
相对主曲率；

k_{21}——齿面 Σ_1、Σ_2 的第二相对主曲率，即 N 点沿齿高方向的
相对主曲率；

k_1'——齿面 Σ_1 在第一相对主方向上的法曲率；

k_1''——齿面 Σ_1 在第二相对主方向上的法曲率；

k_2'——齿面 Σ_2 在第一相对主方向上的法曲率；

k_2''——齿面 Σ_2 在第二相对主方向上的法曲率。

相对主曲率 k_1、k_2 可用以下的方法求得：假想把齿面 Σ_2 相对主
方向 $\hat{\alpha}_{12}$ 拉平，而齿面 Σ_1 沿同一方向弯曲，使其曲率变化为同一个值。
设这时 Σ_2 沿主方向 $\hat{\alpha}_{12}$ 的法截线为 y_2，Σ_1 沿主方向 $\hat{\alpha}_{12}$ 的法截线为
y_1，y_2 则为直线，y_1 与 y_2 的关系如图 3-2 所示。

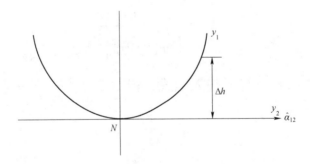

图 3-2　法截线 y_1 和 y_2 的关系

在图 3-2 中，建立直角坐标系 Oxy，其中原点 O 为接触基准点 N，
x 轴沿 y_2 方向，y 轴指向 y_1 的曲率中心，法截线 y_1 在原点 O 按
Maclaurin 级数展开得

$$y_1 \approx y_1(0) + y_1'(0)x + \frac{1}{2}y_1''(0)x^2 \qquad (3-16)$$

由定传动比传动的条件得

$$\begin{cases} y_1(0) = 0 \\ y_1'(0) = 0 \end{cases}$$

式（3-16）可写成

$$y_1 \approx \frac{1}{2} y_1''(0) x^2 \qquad (3-17)$$

式（3-17）中，用 Δh 表示两个法截线的分离量。x 表示齿面接触长度的一半，用 $\dfrac{B_1 b}{2}$ 表示，可得

$$y_1''(0) = \frac{8\Delta h}{(B_1 b)^2} \qquad (3-18)$$

根据微分几何学理论，第一相对主曲率 k_{12} 可写成

$$k_{12} = \frac{y_1''(0)}{\left\{ 1 + [y_1'(0)]^2 \right\}^{\frac{3}{2}}}$$

将式（3-17）、（3-18）代入上式，得

$$k_{12} = \frac{8\Delta h}{(B_1 b)^2} \qquad (3-19)$$

类似可得

$$k_{21} = \frac{8\Delta h}{(B_2 b)^2} \qquad (3-20)$$

式中　b ——齿轮节线齿面宽；

　　　B_1 ——齿宽方向接触比；

　　　B_2 ——齿高方向接触比。

齿面接触区在滚动检验机轻载条件下以红丹粉涂层来评定，Δh 取 Gleason 公司的推荐数值，即 $\Delta h = 0.008$。

设 k_{12}、k_{21} 是 N 点的相对主方向，则有

$$k_{12} = k_{21} = 0 \qquad\qquad (3-21)$$

利用式（3-19）、（3-20）可以确定齿宽与齿高方向的相对主曲率，适当地选取在 M 点的相对主曲率方向和大小，实现对齿面接触区大小的控制。

3.4 诱导法曲率

根据跑合齿面方程可知，对于完全跑合的齿轮，啮合的两个齿面之间存在瞬时接触迹线，其方向在齿高方向，诱导法曲率 K[①]为 0。与其垂直的另一个主方向在齿宽方向，两个齿轮的主方向相同，可以直接相加减。

对于非跑合的齿轮，两个齿面处于点接触状态，不存在瞬时接触迹线，需要两个齿面的主曲率及相应的主方向，求诱导法曲率。

设齿面 Σ_1 的诱导法曲率主方向为 e_1，齿面 Σ_2 的诱导法曲率主方向为 e_2，诱导法曲率的主方向 e_2 与 e_1 的夹角为 φ_g，则有

$$\tan 2\varphi_g = -\frac{K_2 \sin 2(\varphi_1 + \varphi_2)}{K_1 - K_2 \cos 2(\varphi_1 + \varphi_2)} \qquad (3-22)$$

$$K_1 = k_1' k_1'' \qquad\qquad (3-23)$$

$$K_2 = k_2' k_2'' \qquad\qquad (3-24)$$

---

① 当两个齿面完全共轭时，它们在接触点的相对法曲率称为诱导法曲率。

φ_1——齿面Σ_1的主方向e_1与齿长方向的夹角；

φ_2——齿面Σ_2的主方向e_2与齿长方向的夹角；

K_1——齿面Σ_1的高斯曲率；

K_2——齿面Σ_2的高斯曲率。

另一个主方向与e_1的夹角为$\varphi_g+90°$，由此可得诱导法曲率：

$$K = K'_{\varphi_g} - K''_{\varphi_g} = H_1 - H_2 + K_1\cos 2\varphi_g - K_2\cos 2(\varphi_g - \varphi_1 - \varphi_2)$$

$$(3-25)$$

其中，H_1、H_2为齿面Σ_1、Σ_2的平均曲率[①]，即

$$H_1 = \frac{1}{2}(k'_1 + k'_2) \qquad (3-26)$$

$$H_2 = \frac{1}{2}(k''_1 + k''_2) \qquad (3-27)$$

3.5 运动分析

齿轮的啮合速度可以分解为沿接触迹线和圆周方向两个分速度，如图3-3所示，在瞬时接触点J处，v_1和$\frac{d\boldsymbol{r}_1}{dt}$是齿轮1的圆周速度和跑合点沿接触迹线的速度，$v_2$和$\frac{d\boldsymbol{r}_2}{dt}$是齿轮2的圆周速度和跑合点沿接触迹线的速度，$\frac{d\boldsymbol{r}}{dt}$是啮合点在固定空间的啮合速度，$v_{12}$是相对速度，$JJ_o$是啮合线。

---

① 平均曲率是空间曲面上某一点两个相互垂直的正交曲率的平均值。

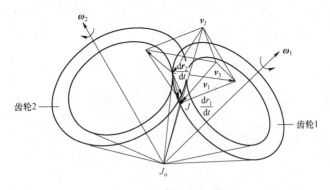

图 3-3 啮合速度示意

1. 啮合点沿啮合线 JJ_o 的速度 $\dfrac{\mathrm{d}\boldsymbol{r}}{\mathrm{d}t}$

啮合点在空间的运动轨迹对时间的导数是啮合速度,将接触点方程在固定坐标系求导即可得到此速度,即

$$
\begin{cases}
v_{JX_o} = \omega \sin\varphi \cdot \dfrac{S}{R}(\rho\cos\alpha + C)\sqrt{1 - \dfrac{R^2}{S^2}\cos^2\beta} \\[2mm]
v_{JY_o} = 0 \\[2mm]
v_{JZ_o} = -\omega\sin\varphi\left[R\cos\beta + (R\cos\alpha + C)\dfrac{S}{R}\cot\beta\sqrt{1 - \dfrac{R^2}{S^2}\cos^2\beta}\right]
\end{cases}
\tag{3-28}
$$

在如图 3-4 所示的运动示意图中,平面 M 是两个锥齿轮节圆锥面的平切面;OP 是瞬时旋转轴;OO_1 是齿轮 1 的旋转轴,在与 M 垂直的平面内;OO_3 是刀位 S;O_3P 是铣刀盘半径。刀刃上的一个点 J 在平面 Q 上,平面 Q 与平面 M 垂直,当压力角 α 不变时,铣刀盘与齿轮作相对运动,J 点在与平面 M 平行的等距平面上,此时可画出一条平面曲线——啮合线。在这个过程中,刀位 S 相当于曲柄,节点 P 相当于滑块在瞬时轴 Z_o 上滑动,两个齿轮的运动情况与此相似。

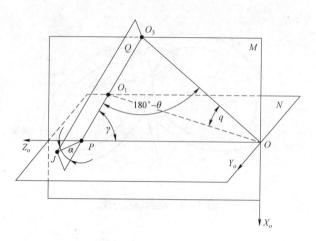

图 3-4 运动示意

2. 啮合点的圆周速度 v_1、v_2

圆周速度 v_1、v_2 是啮合点随齿轮绕各自轴线的速度，需要在各自与齿轮固连的坐标系里求导。为了表达方便，坐标轴位置如图 3-5 所示。

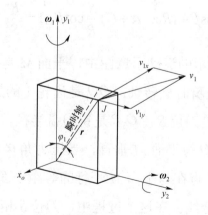

图 3-5 速度矢量

将 y_1 轴、y_2 轴定在两个齿轮轴线所在平面，设 $\theta_1 = \theta_2 = 0$，得出相对简单的公式，用矢量关系式表达，即

$$v = -\boldsymbol{\omega}_1 \times r_1 \qquad (3-29)$$

其代数式为

$$\begin{cases} v_{1x} = -\omega_1 r_{1y} \\ v_{1y} = -\omega_1 r_{1x} \end{cases} \qquad (3-30)$$

把齿面方程代入上式，得齿轮 1 的圆周速度 v_1 为

$$\begin{cases} v_{1x} = \omega_1 y_1 \\ v_{1y} = -\omega_1 x_1 \end{cases} \qquad (3-31)$$

同理可得齿轮 2 的圆周速度 v_2 为

$$\begin{cases} v_{2x} = \omega_2 y_2 \\ v_{2y} = -\omega_2 x_2 \end{cases} \qquad (3-32)$$

3. 啮合点的啮合速度 $\dfrac{\mathrm{d}r_1}{\mathrm{d}t}$、$\dfrac{\mathrm{d}r_2}{\mathrm{d}t}$

啮合点的啮合速度是各个齿轮沿接触迹线的速度，与润滑有关，直接影响油膜厚度，从而影响齿轮的工作状况。根据啮合点沿啮合线的速度 $\dfrac{\mathrm{d}r}{\mathrm{d}t}$ 和圆周速度 v_1、v_2，分解出两个齿轮的啮合速度 $\dfrac{\mathrm{d}r_1}{\mathrm{d}t}$、$\dfrac{\mathrm{d}r_2}{\mathrm{d}t}$。但这些速度分量不在同一个坐标系中，不能直接求解，需要在与齿轮固连的坐标系里，由接触点方程对时间 t 求导得出，即

$$
\begin{cases}
\begin{aligned}
\dfrac{\mathrm{d}\boldsymbol{r_1}}{\mathrm{d}t}(x) &= \omega_1\left(\dfrac{\partial x_1}{\partial \theta} + y_1\right) = \omega_1\left[\dfrac{S_1}{R_1}\cos q_1 \sin \phi_1(\rho \cos \alpha + C) + \right.\\
&\quad (\rho_1 \sin \alpha + e_1)\cos \phi_1 + S_1 \sin \phi_1 \cos q_1 + \\
&\quad \left. (R_1 + \rho_1 \cos \alpha + C_1)\sin \beta \sin \phi_1\right]\\
\dfrac{\mathrm{d}\boldsymbol{r_1}}{\mathrm{d}t}(y) &= \omega_1\left(\dfrac{\partial y_1}{\partial \theta} - x_1\right) = -\omega_1\left[(\rho_1 \cos \alpha + C_1)\cos \beta + \right.\\
&\quad R_1 \cos \beta \sin^2 \phi_1 + (R_1 + \rho_1 \cos \alpha + C_1)\sin^2 \phi - \\
&\quad \left. \dfrac{S_1}{R_1}\cot\beta \cos q_1\right]\\
\dfrac{\mathrm{d}\boldsymbol{r_1}}{\mathrm{d}t}(z) &= \omega_1\dfrac{\partial z_1}{\partial \theta} = \omega_1 \sin \phi_1 \cos \phi_1\left[R_1 \cos \beta + \right.\\
&\quad \left. (R_1 + \rho_1 \cos \alpha + C_1)\cdot\dfrac{S_1}{R_1}\cot \beta \cos q_1\right]
\end{aligned}
\end{cases}
\tag{3-33}
$$

3.6 相对滑动速度

相对滑动速度是研究齿轮啮合理论的重要参数，它直接关系着齿轮的润滑，也直接影响齿轮的寿命和强度。求解相对速度需引入运动绝对微分和相对微分的概念。

锥齿轮属于固定轴传动，两个齿轮沿各自轴线方向的速度为 0，相对速度为

$$
\begin{cases}
\boldsymbol{v_{12}} = \boldsymbol{v_1} - \boldsymbol{v_2}\\
\boldsymbol{v_1} = \boldsymbol{\omega_1} \times \boldsymbol{r_1}\\
\boldsymbol{v_2} = \boldsymbol{\omega_2} \times \boldsymbol{r_2}
\end{cases}
\tag{3-34}
$$

式中　$\boldsymbol{v_1}$——齿轮接触点随齿轮 1 转动的圆周速度；

v_2——齿轮接触点随齿轮 2 转动的圆周速度。

由于 $\dfrac{\mathrm{d}r_{1J}}{\mathrm{d}t}$ 和 $\dfrac{\mathrm{d}r_{2J}}{\mathrm{d}t}$ 是啮合点与齿面的相对速度，得

$$\frac{\mathrm{d}r_{1J}}{\mathrm{d}t} = v_1 + \frac{\mathrm{d}_1 r_{1J}}{\mathrm{d}t}, \quad \frac{\mathrm{d}r_{2J}}{\mathrm{d}t} = v_2 + \frac{\mathrm{d}_2 r_{2J}}{\mathrm{d}t} \tag{3-35}$$

接触点同时在两个齿轮上，则有

$$r_J = r_{2J} = r \tag{3-36}$$

$$\frac{\mathrm{d}r_{1J}}{\mathrm{d}t} = \frac{\mathrm{d}r_{2J}}{\mathrm{d}t} = \frac{\mathrm{d}r}{\mathrm{d}t} \tag{3-37}$$

所以

$$v_{12} = \frac{\mathrm{d}_2 r_{2J}}{\mathrm{d}t} - \frac{\mathrm{d}_1 r_{1J}}{\mathrm{d}t} \tag{3-38}$$

设 $\boldsymbol{\omega}_{3J} = \boldsymbol{\omega}_{1J} - \boldsymbol{\omega}_{2J}$，则有

$$v_{3J} = \boldsymbol{\omega}_{1J} \times r - \boldsymbol{\omega}_{2J} \times r = \boldsymbol{\omega}_{3J} \times r \tag{3-39}$$

综上式（3-37）至（3-40），可得

$$\begin{cases} \dfrac{\mathrm{d}r_{1J}}{\mathrm{d}t} = \dfrac{\mathrm{d}_1 r_{1J}}{\mathrm{d}t} + \boldsymbol{\omega}_{1J} \times r_{1J} \\[3mm] \dfrac{\mathrm{d}r_{2J}}{\mathrm{d}t} = \dfrac{\mathrm{d}_1 r_{2J}}{\mathrm{d}t} + \boldsymbol{\omega}_{2J} \times r_{2J} \\[3mm] \dfrac{\mathrm{d}_2 r_{2J}}{\mathrm{d}t} = \dfrac{\mathrm{d}_2 r_{1J}}{\mathrm{d}t} + \boldsymbol{\omega}_{3J} \times r \end{cases} \tag{3-40}$$

接触点的法矢 $\boldsymbol{n}$ 用矢量式表示为

$$\frac{\mathrm{d}n_{1J}}{\mathrm{d}t} = \frac{\mathrm{d}_1 n_{2J}}{\mathrm{d}t} = \frac{\mathrm{d}n}{\mathrm{d}t} \tag{3-41}$$

$$\frac{\mathrm{d}n_{1J}}{\mathrm{d}t} = \frac{\mathrm{d}_1 n_{2J}}{\mathrm{d}t} + \boldsymbol{\omega}_{1J} \times n_{1J} \tag{3-42}$$

$$\frac{d_1 \boldsymbol{n}_{2J}}{dt} = \frac{d_2 \boldsymbol{n}_{2J}}{dt} + \boldsymbol{\omega}_{2J} \times \boldsymbol{n}_{2J} \qquad (3-43)$$

$$\frac{d_2 \boldsymbol{n}_{1J}}{dt} = \frac{d_1 \boldsymbol{n}_{1J}}{dt} + \boldsymbol{\omega}_{3J} \times \boldsymbol{n} \qquad (3-44)$$

$$\boldsymbol{n}_{1J} = \boldsymbol{n}_{2J} = \boldsymbol{n} \qquad (3-45)$$

渐开线齿轮的接触区计算点一般在瞬时旋转轴上，即 $\boldsymbol{\omega}_{3J}$ 与 $\boldsymbol{r}$ 方向相同，由式（3-41）可知 $\boldsymbol{v}_{3J}=0$。圆弧齿轮圆弧上的接触点不在瞬时旋转轴上，$\boldsymbol{v}_{3J}\neq0$，这是圆弧齿轮和渐开线齿轮的主要差别。

把空间坐标系的 z_o 轴定在瞬时旋转轴 $\boldsymbol{\omega}_{3J}$ 方向上，根据图 3-6 和齿面方程可得：

$$\boldsymbol{v}_{3J} = \boldsymbol{\omega}_{3J}\boldsymbol{K}_o \cdot (x_o \boldsymbol{j}_o - y_o \boldsymbol{i}_o) \qquad (3-46)$$

其中

$$\begin{cases} x_o = (\rho\cos\alpha + C)\cos\beta \\ y_o = \rho\sin\alpha + e \\ |\boldsymbol{\omega}_{3J}| = \dfrac{|\boldsymbol{\omega}_{1J}|}{\cos\varphi_1} = \dfrac{|\boldsymbol{\omega}_{2J}|}{\cos\varphi_2} \quad (\varphi_1+\varphi_2=90°\text{时}) \end{cases} \qquad (3-47)$$

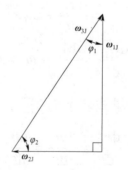

图 3-6　速度矢量关系

其代数式为

$$v_{3J} = \omega_{3J} \sqrt{(\rho \cos \alpha + C)^2 \cos^2 \beta + (\rho \sin \alpha + e)^2} \quad （3-48）$$

由式（3-41）可知，v_{3J} 垂直于瞬时旋转轴 $\boldsymbol{\omega}_{3J}$ 和接触点处的径矢 $\boldsymbol{r}$，因而也垂直于该点的齿廓圆弧半径。在以节圆锥面顶为球心、r 为半径的球面切平面上，$\boldsymbol{\omega}_{3J}$、ρ、α、e、C 不变，因此在 β 角相同的齿廓上，v_{3J} 的大小不变，这将大大改善齿面的磨损性能；在齿宽方向，随着螺旋角的增大，v_{3J} 减小。

1. 跑合后的主曲率

实际使用中的圆弧齿轮要求严格的跑合，而跑合后的齿轮可以认为其齿廓圆弧中心在节点上，沿齿高是线接触，齿面的主曲率分别沿瞬时接触迹线（齿高）方向与齿面垂直的接触迹线（齿宽）方向。了解跑合齿轮的齿面关系，需要先求出其主曲率。

如图 3-7 所示，根据假想平面加工原理，产形面轴线垂直于节平面，相对角速度为

$$\boldsymbol{\omega} = \boldsymbol{\omega}_{1J} \cos \varphi \cdot \boldsymbol{K}_o \quad （3-49）$$

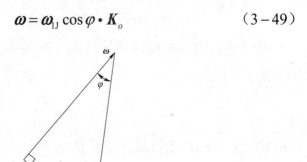

图 3-7　相对角速度

$$v = \boldsymbol{\omega}\cos\varphi[-(\rho\sin\alpha+e)\boldsymbol{i}_o + (\rho\cos\alpha+C)\cos\beta\cdot\boldsymbol{j}_o]\quad(3-50)$$

根据式（3－49），有

$$\begin{cases} \mathrm{d}x_o = -(\rho\cos\alpha+C)\sin\beta\mathrm{d}\beta \\ \mathrm{d}y_o = 0 \\ \mathrm{d}z_o = (R+\rho\cos\alpha+C)\cos\beta\mathrm{d}\beta \end{cases}\quad(3-51)$$

$$\begin{cases} \mathrm{d}n_{ox} = -\rho\cos\alpha\sin\beta\mathrm{d}\beta \\ \mathrm{d}n_{oy} = 0 \\ \mathrm{d}n_{oz} = \cos\alpha\cos\beta\mathrm{d}\beta \end{cases}\quad(3-52)$$

$$\boldsymbol{\omega}\times\boldsymbol{n} = \boldsymbol{\omega}\cdot(-\sin\alpha\boldsymbol{i}_o + \cos\alpha\cos\beta\boldsymbol{j}_o)\quad(3-53)$$

根据罗德里克方程和微分关系式有：

$$-K_n = \frac{\mathrm{d}_1\boldsymbol{n}}{\mathrm{d}_1 r} = \frac{\mathrm{d}_d\boldsymbol{n}+\boldsymbol{\omega}\times\boldsymbol{n}\mathrm{d}t}{\mathrm{d}_d r+|\boldsymbol{v}|\mathrm{d}t}$$

由此得齿高方向 $\boldsymbol{j}_o$ 的曲率为

$$|\boldsymbol{K}_{n1}| = -\frac{|\boldsymbol{\omega}|\cos\alpha\cos\beta\mathrm{d}t}{|\boldsymbol{\omega}|(\rho\cos\alpha+C)\cos\beta\mathrm{d}t} = \frac{\cos\alpha}{\rho\cos\alpha+C}\quad(3-54)$$

在齿宽沿接触迹线的方向 $\boldsymbol{k}_o$ 的曲率为

$$|\boldsymbol{K}_n| = -\frac{\cos\alpha\cos\beta\mathrm{d}\beta}{(R+\rho\cos\alpha+C)\cos\beta\mathrm{d}\beta} = \frac{\cos\alpha}{R+\rho\cos\alpha+C}\quad(3-55)$$

跑合后的齿轮齿面曲率只与加工时的铣刀盘有关，此时的齿廓半径变为

$$\rho' = \rho + \frac{C}{\cos\alpha}\quad(3-56)$$

求解式（3－56），得到真正的齿面曲率。

2. 未跑合齿轮的齿面曲率

对于未跑合齿轮的齿面曲率，由于齿面方程不同，而且齿高变量

的微分不为 0，因此在形式上要复杂一些，由微分可得

$$\begin{cases} \mathrm{d}_d x_o = -\rho\sin\alpha\sin(v-q)\mathrm{d}\alpha + (R+\rho\cos\alpha+C)\cos(v-q)\cdot\mathrm{d}(v-q) - \\ \qquad S\cos q\mathrm{d}q \\ \mathrm{d}_d y_o = \rho\cos\alpha\mathrm{d}\alpha \\ \mathrm{d}_d z_o = -\rho\sin\alpha\cos(v-q)\mathrm{d}\alpha - (R+\rho\cos\alpha+C)\sin(v-q)\cdot\mathrm{d}(v-q) - \\ \qquad S\sin q\mathrm{d}q \end{cases}$$

$$\begin{cases} \mathrm{d}_d n_{ox} = -\sin\alpha\sin(v-q)\mathrm{d}\alpha + \cos\alpha\cos(v-q)\cdot\mathrm{d}(v-q) \\ \mathrm{d}_d n_{oy} = \cos\alpha\mathrm{d}\alpha \\ \mathrm{d}_d n_{oz} = -\sin\alpha\cos(v-q)\mathrm{d}\alpha - \cos\alpha\sin(v-q)\cdot\mathrm{d}(v-q) \end{cases} \tag{3-57}$$

将上式各方向的分量都代入罗德里克方程，得

$$\frac{\mathrm{d}_d n_{ox} - |\boldsymbol{\omega}|\cos\varphi\sin\alpha\mathrm{d}t}{\mathrm{d}_d x_o - |\boldsymbol{\omega}|\cos\varphi(\rho\sin\alpha+e)\,\mathrm{d}t} = \frac{\mathrm{d}_d n_{oy} + |\boldsymbol{\omega}|\cos\varphi\cos\alpha\sin(v-q)\,\mathrm{d}t}{\mathrm{d}_d y_o + |\boldsymbol{\omega}|\cos\varphi(\rho\cos\alpha+C)\sin(v-q)\,\mathrm{d}t} \tag{3-58}$$

$$\frac{\mathrm{d}_d n_{ox} - |\boldsymbol{\omega}|\cos\varphi\sin\alpha\mathrm{d}t}{\mathrm{d}_d x_o - |\boldsymbol{\omega}|\cos\varphi(\rho\sin\alpha+e)\,\mathrm{d}t} = \frac{\mathrm{d}_d n_{oz}}{\mathrm{d}_d y_o} \tag{3-59}$$

由啮合方程可得

$$S\sin^2\alpha\cos q\mathrm{d}q = e\sin(v-q)\,\mathrm{d}\alpha + e(R+C-e\cot\alpha)\times \\ \sin^2\alpha\cos(v-q)\mathrm{d}(v-q) \tag{3-60}$$

联立式（3-58）～（3-60），可以得出两个主曲率，式中有 3 个未知数 $\dfrac{\mathrm{d}\alpha}{\mathrm{d}t}$、$\dfrac{\mathrm{d}v}{\mathrm{d}t}$、$\dfrac{\mathrm{d}q}{\mathrm{d}t}$，但主方向由 $\dfrac{\mathrm{d}\alpha}{\mathrm{d}t}$ 与 $\dfrac{\mathrm{d}v}{\mathrm{d}t}$ 的比值决定，这个比值与 $\dfrac{\mathrm{d}q}{\mathrm{d}t}$ 相关，可以给 $\dfrac{\mathrm{d}q}{\mathrm{d}t}$ 任意值。令 $\dfrac{\mathrm{d}q}{\mathrm{d}t}=\cos 1$，解出方程组的 $\dfrac{\mathrm{d}\alpha}{\mathrm{d}t}$ 和 $\dfrac{\mathrm{d}v}{\mathrm{d}t}$，代入罗德里克方程，即可求出齿面曲率。

第 4 章

双圆弧弧齿锥齿轮的加工方法

弧齿锥齿轮的切削方法众多，根据假想平面齿轮或平顶齿轮原理切削双圆弧弧齿锥齿轮是目前使用最广泛的一种手段。本章主要介绍双圆弧弧齿锥齿轮的切削原理和切削方法，并根据双圆弧弧齿锥齿轮的齿面参数设计刀具。

4.1　假想平面齿轮

节圆锥面角等于 90°的锥齿轮，其节圆锥面角是一个平面，故称平面齿轮，又称平面产形齿轮或产形轮。由于在切削制造时，该平面齿轮并不存在，其轮齿表面是由机床摇台上铣刀切削刃的运动轨迹代替的，因此又称假想平面齿轮。以产形轮原理加工等高齿圆弧锥齿轮如图 4-1 所示。

在圆柱齿轮啮合原理中，当齿轮的基圆无穷大时，齿轮就变成了齿条。齿条与齿轮的啮合原理是圆柱齿轮用齿条形刀具范成法加工的基础。

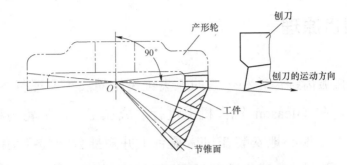

图 4-1　以产形轮原理加工等高齿圆弧锥齿轮

锥齿轮的当量齿轮的齿数为

$$z_V = \frac{z}{\cos\delta} \qquad\qquad （4-1）$$

式中　z——锥齿轮的实际齿数；

　　　δ——锥齿轮的分度圆锥角。

由式（4-1）可以看出，当分度圆锥面角增大时，当量齿轮的齿数增大，即其相当的圆柱齿轮的齿数增多。当 $\delta = 90°$ 时，z_V 变为无穷大，相当于齿条，此时的渐开线齿廓变为直边齿廓，平面齿轮的形成与齿条的形成类似。在用范成法滚切加工锥齿轮的过程中，平面齿轮具有与齿条类似的作用，可将其看成在平面上卷成的环状齿条。

在加工双圆弧弧齿锥齿轮的轮齿时，齿轮的根锥角和节圆锥面角相等，当铣刀盘的刀尖要切出齿根面时，铣刀盘的轴线应垂直于节圆锥面母线，平面齿轮满足这一条件。

双圆弧弧齿锥齿轮是等高齿制的，一般根据产形轮原理加工。

4.2 切齿原理

　　双圆弧弧齿锥齿轮和一般的弧齿锥齿轮的加工原理基本相同,即按照产形轮在 Gleason 铣齿机上进行展成加工。产形轮与机床摇台同心,铣刀盘偏心地安装在机床摇台上并随摇台一起摆动,铣刀盘绕自身轴线旋转,使刀齿的圆弧形切削刃形成产形轮齿面,如图 4-2 所示。

图 4-2　双圆弧弧齿锥齿轮的切齿示意

　　双圆弧弧齿锥齿轮的制造工艺与渐开线弧齿锥齿轮的基本相同,范成过程与渐开线锥齿轮不同。双圆弧弧齿锥齿轮采用双圆弧齿廓,瞬时成形,其成形面是分阶式双圆弧齿廓的弧齿条。

　　切齿时,铣刀盘代替产形轮的一个齿,与工件毛坯按照一定的传动比对滚,使被加工锥齿轮节圆锥面与产形轮节平面相切并作无滑动的纯滚动,在齿坯上从一端到另一端逐渐切出齿廓。滚切一个齿后,摇台反转到初始位置,同时,工件毛坯快速后退,转过分齿角度,完成一个切齿循环。重复上述运动可切出下一个轮齿的齿廓，反复进行即完成整个齿轮齿廓的加工。

4.3　切齿方法

双圆弧弧齿锥齿轮在切齿前，应该根据生产条件及要求适当选用切齿方法，并按切齿原理和切齿方法进行切齿计算，以确定切齿所需的铣刀盘数据和机床的调整数据。

根据共轭齿面形成原理，可以采用多种不同的方法加工弧齿锥齿轮，粗切多用双面铣刀盘按仿形法同时切出齿槽的两侧齿面，精切时常用简单单面切削法、简单双面切削法和双重双面切削法 3 种方法。弧齿锥齿轮的精切方法比较见表 4-1。

表 4-1　弧齿锥齿轮的精切方法比较

精切方法		加工特性	优点与缺点	适用范围
简单单面切削法		大轮和小轮轮齿的两个侧面粗切一起切出，精切单独进行，小轮按大轮配切	接触区不好，效率低，但可以解决刀具和机床数量不足的问题	适用于产品质量要求不太高的单件和小批量生产
简单双面切削法	单台双面切削法	大轮的粗切和精切分别使用单独的粗切铣刀盘和精切铣刀盘，同时切出齿槽两侧表面。小轮粗切使用一把双面粗切铣刀盘，精切分别用一把外精切铣刀盘和内精切铣刀盘切出齿槽的两个侧面	接触区和齿面光洁度较好，生产效率比较高	适用于质量要求较高的小批量和中批量生产

续表

精切方法		加工特性	优点与缺点	适用范围
简单双面切削法	固定安装法	加工特性和单台双面切削法相同，每道工序在固定的机床上进行	接触区和齿面光洁度好，生产效率比较高，但需要的切齿机床和铣刀盘数量比较多	适用于大批量生产
	半滚切法	加工特性和固定安装法相同，大轮采用成形法切出，小齿轮轮齿两侧表面分别用展成法切出	优缺点与固定安装法相同。大轮精切效率可以成倍地提高	适用于传动比大于2.5 的大批量流水线生产
	螺旋成形法	加工特性和半滚切法相同，但在大轮槽切时，铣刀盘还有轴向的往复运动，即每当一个刀片通过一个齿槽时，铣刀盘就沿其自身轴线前后往复一次，铣刀盘每转一圈，就切出一个齿槽	接触区最理想，齿面光洁度好，生产效率高	和半滚切法相同
双重双面切削法		大轮和小轮均用双面铣刀盘同时切出齿槽两侧表面	生产率比固定安装法高，但接触区不易控制，质量较差	模数小于2.5 及传动比为1 的大批量生产

精切方法应依据具体情况来选定，如精度、产量等。由于精切方法不同，刀具设计和机床调整的计算都不相同。Gleason 铣齿机加工弧齿锥齿轮时，一般采用简单双面切削法或简单单面切削法。

1. 简单双面切削法

简单双面切削法加工的大齿轮，其齿槽两侧节圆锥面齿线是展开图中曲率半径不相等的两个同心圆弧，其齿宽中点的螺旋角β满足：

$$\sin\beta = \frac{R_1^2 + \Delta^2 - x^2}{2R_1\Delta} \qquad (4-2)$$

式中　　R_1——齿宽中点到锥齿起顶点的距离；

　　　　Δ——铣刀盘半径；

　　　　x——锥齿起顶点到铣刀盘中心的距离。

　　凸凹两侧齿线中点的螺旋角不相等，而且都不等于中点螺旋角设计的计算值。用此法加工配对小齿轮时，必须使其凸凹两侧节圆锥面齿线中点的螺旋角分别等于大齿轮凹凸两侧实际中点的螺旋角。因此，用这种方法加工的锥齿轮齿厚分布是不合理的，不利于小齿轮的弯曲强度，而且凸齿侧的实际螺旋角小于计算螺旋角，凹齿侧的实际螺旋角大于计算螺旋角。

　　2. 简单单面切削法

　　简单单面切削法加工的一对锥齿轮，其轮齿凸凹两侧分两次切出，齿厚从内端到外端都是逐渐增厚的，凸凹齿侧的实际螺旋角均等于计算螺旋角。

　　简单单面切削法切出的齿面具有理想的轮齿外形，并可得到满意的接触区。在双圆弧弧齿锥齿轮传动中，只要适当选取螺旋角、齿宽及产形轮齿数，使轮齿至少在内端接触时实现双对啮合，就能恰当地利用轮齿外端的粗厚部分，提高其弯曲强度。在基本齿廓不变的条件下，采用不同的内端法面模数和刀具，可以得到不同的齿高和轮齿外形，从而改变轮齿的弯曲强度和接触强度，满足不同传动形式的需要。

4.4　刀具设计

　　加工双圆弧弧齿锥齿轮时，需要进行专门的刀具设计，主要包括刀齿和铣刀盘的设计。

由于双圆弧弧齿锥齿轮的齿形特性，需要根据其齿形参数专门制作刀齿。从大规模生产应用的工艺性角度考虑，采用铣刀盘加工双圆弧弧齿锥齿轮。

双圆弧弧齿锥齿轮铣刀盘与 Gleason 弧齿锥齿轮铣刀盘（Gleason 铣刀盘）的结构基本相同，但刀齿齿廓不同，前者的刀齿齿廓是由凸凹齿廓圆弧、齿根圆弧及齿腰圆弧组成的曲线，位于环面上，而后者的刀齿齿廓是直线，位于半锥角为 α 的锥面上。

4.4.1　刀齿设计

刀齿齿廓曲线是产形轮环齿面的发生线，刀齿齿面方程是产形轮在坐标系 σ_n 中的齿面方程，其中的参数根据刀齿的基本齿廓确定。与 Gleason 铣刀盘一样，双圆弧弧齿锥齿轮铣刀盘综合考虑改善刀齿切削条件和减少刀齿的切削宽度，刀齿制作为内外两个半刀齿，对称置于铣刀盘公称直径的两侧，这样的优点是便于调整和磨制前角。双圆弧弧齿锥齿轮内外刀齿的基本齿廓如图 4-3 所示。

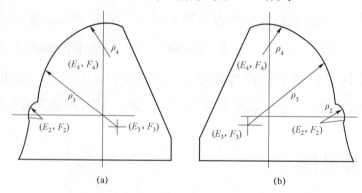

图 4-3　双圆弧弧齿锥齿轮内外刀齿的基本齿廓

（a）内刀齿的基本齿廓；（b）外刀齿的基本齿廓

　　齿面方程 $(X_n - e)^2 + (Y_n - R)^2 = \rho^2$ 表示齿廓为铣刀盘旋转轴平面上的圆弧，其圆心为 (e, R)，半径为 ρ。取刀齿的前角为 0°，则不必修正刀刃齿廓。考虑到顶刃承受载荷的强度，为了得到足够的侧刃后角，选用顶刃后角[①]$\alpha_b = 11°$。

　　刀齿在使用中刃磨前刀面几次后，刀齿高度减小。为了使刀齿顶点直径及刀齿刃磨后齿廓保持不变，刀齿侧刃后面应铲磨成以刀齿齿廓曲线为母线，以铣刀盘旋转轴线为螺旋轴的螺旋曲面。此螺旋曲面是由刀盘匀速转动与砂轮轴向进给的复合运动形成的，其轴截线形状为圆弧线。螺旋曲面的端面侧刃后角 α_{cs} 和法面侧刃后角 α_{cn} 满足式（4-3）。

$$\begin{cases} \tan \alpha_{cs} = \tan \alpha \times \tan \alpha_b \\ \tan \alpha_{cn} = \sin \alpha \times \tan \alpha_b \end{cases} \quad (4-3)$$

式中　　α——阿基米德螺旋面的轴截线为与轴线的夹角，也是压力角；

　　　　α_b——顶刃后角。

　　圆弧齿廓上各点的压力角不同，侧刃后角 α_{cn} 是压力角 α 的函数。实际铲齿时，铲背量 K 由凸轮参数决定，顶刃后角随 K 值的变化而变化。

　　双圆弧弧齿锥齿轮的铣刀盘刀齿齿廓铲磨在铲齿车床上进行，铲磨齿廓的砂轮形状按设计齿面参数制造，为保证精度需在专用刀具投影测量仪上进行测量。

　　双圆弧弧齿锥齿轮刀齿与 Gleason 锥齿轮刀齿如图 4-4 所示。

---

　　① 顶刃后角是指刀具顶部对应的后角。

（a）   （b）

图 4-4　双圆弧弧齿锥齿轮刀齿与 Gleason 锥齿轮刀齿
（a）双圆弧弧齿锥齿轮刀齿；（b）Gleason 锥齿轮刀齿

4.4.2　铣刀盘设计

滚切双圆弧弧齿锥齿轮采用 Gleason 铣刀盘结构，只是刀齿和垫片需要另外设计。双圆弧弧齿锥齿轮的铣刀盘如图 4-5 所示。

图 4-5　双圆弧弧齿锥齿轮的铣刀盘

从公称直径、刀体基距、刀齿基距和接触点半径 4 个方面来确定铣刀盘的结构。

（1）公称直径 D_r：刀齿顶点绕铣刀盘旋转轴旋转形成的圆的直径，$D_r = \dfrac{L}{\sin\beta}$，$L$ 是节圆锥面中点锥距，β 是螺旋角。双圆弧弧齿锥齿轮的铣刀盘的公称直径按 Gleason 铣刀盘的公称直径设计，螺旋角取 35°。

（2）刀体基距：铣刀盘旋转轴到楔块外侧平面间的距离。

（3）刀齿基距：刀齿顶点到刀齿基面的距离，在过齿顶的铣刀盘旋转轴平面内测量。为了在直刃刀齿上磨出双圆弧齿廓，应根据铣刀盘精切刀齿尺寸和其他有关参数，选用合适的刀齿基距。

6 寸刀盘的公称直径 D_r 为 152.4 mm，刀体基距为 67.724 mm，外刀齿基距为 3.5 mm，内刀齿基距为 5.5 mm。

（4）接触点半径：圆弧齿廓啮合时，两个不同半径的圆弧齿面只有一个接触点，理论上的接触点到轴心的距离是接触点半径。铣刀盘刀齿齿廓理论接触点半径由铣刀盘半径和齿面参数决定。

$$\begin{cases} r_{e1} = R_r + \dfrac{\pi m_n}{2} + c_1 - r_1 \cos\alpha \\ r_{e2} = R_r - c_2 + r_2 \cos\alpha \end{cases} \tag{4-4}$$

$$\begin{cases} r_{i1} = R_r - \dfrac{\pi m_n}{2} - c_1 + r_1 \cos\alpha \\ r_{i2} = R_r + c_2 - r_2 \cos\alpha \end{cases} \tag{4-5}$$

式中　r_{e1}——外刀齿凹齿齿廓的接触点半径；

　　　r_{e2}——外刀齿凸齿齿廓的接触点半径；

r_{i1}——内刀齿凹齿齿廓的接触点半径；

r_{i2}——内刀齿凸齿齿廓的接触点半径；

m_n——锥齿轮法向模数；

c_1——凸齿齿廓圆心偏移量；

c_2——凹齿齿廓圆心偏移量；

r_1——凸齿齿廓圆弧半径；

r_2——凹齿齿廓圆弧半径；

α——齿廓压力角。

第 5 章
齿面接触分析

锥齿轮的齿面空间结构复杂，机床调整参数、刀具参数，以及齿面构型之间关系复杂，在传统的锥齿轮制造业中，依靠观察接触印痕和听锥齿轮在对滚检验机上运转的声音来判断啮合质量。齿面接触印痕能够反映锥齿轮的部分啮合质量信息，但对动态性能反映不足。另外观察接触印痕的方法有其局限性，如花费时间长、经验成为决定性因素、为进一步研究可提供的支持很少等。

目前依靠 TCA（Tooth Contact Analysis）和 LTCA（Load Tooth Contact Analysis）方法快速完成齿面接触区域的修正工作。

5.1 TCA 方法

锥齿轮要实现定传动比的连续传动，在任意时刻，两个齿面必须在接触点有公共的位置矢量和单位法矢量。设齿面 Σ_1 和 Σ_2 如图 5−1 所示（此处只考虑图 5−1 中的一种接触形式），满足 $n_1 = n_2$，$r_1 = r_2$，n_1 和 r_1 是小齿轮的单位法矢量和位置矢量，n_2 和 r_2 是大齿轮的单位法矢量和位置矢量。

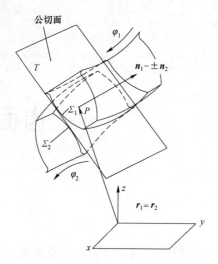

图 5-1 TCA 方法的原理

由于 $|n_1|=|n_2|=1$ 仅能得到 5 个独立的非线性方程，但有 6 个未知数 α_1、α_2、q_1、q_2、φ_1、φ_2，它们的含义如下：

（1）α_1 为加工小齿轮的机床摇占角；

（2）α_2 为加工大齿轮的机床摇占角；

（3）q_1 为加工小齿轮刀盘切削面相位角；

（4）q_2 为加工大齿轮刀盘切削面相位角；

（5）φ_1 为小齿轮的旋转角度；

（6）φ_2 为大齿轮的旋转角度。

需要按一定步长给定其中一个参数，解出其余 5 个未知数，得到接触路径，并根据公式得到传动误差。

5.2 LTCA 方法

TCA 方法以基本齿廓方程为基础，利用刀具和机床参数，使通过坐标变换得到的大小齿面方程满足定传动比条件，从而列出方程组并求解接触点坐标。TCA 方法是一种数学方法，没有考虑不可避免的加工误差、受载变形及热处理变形等实际问题，虽然可以减少试切次数，但无法完全取代试切。TCA 方法是对传统方法的一种补充而不是替代，它为轮齿啮合的进一步研究提供了很好的理论支持，依靠试切观察接触印痕的传统方法无法达到这一目的。

发展锥齿轮的虚拟制造技术，依靠 TCA 方法，可以迅速完成齿面接触位置的调整工作，采用少次数试切即可得到机床调整卡，更重要的是可以得到合理的刀具设计参数，这在生产准备中至关重要。但 TCA 方法在轻微载荷接触条件下进行分析，没有考虑齿轮受载变形对啮合性能的影响，以及载荷增大时相邻轮齿参与啮合情况。

LTCA 方法是在 TCA 方法的基础上发展出来的分析方法，该方法综合考虑了受载时的齿面变形、轮齿弯曲变形、轮毂扭转变形，以及齿轮支撑系统的变形，更加接近锥齿轮实际工况。

5.2.1　齿轮副在接触点满足的关系

进行齿面接触分析时，将一对齿轮的齿面方程按设计要求装配，此时两个齿轮的坐标系重合。设两个齿轮的轴交角为 Σ，j_o 和 j_m 平行，k_o 和 k_m，i_o 和 i_m 之间的夹角 $\gamma = \Sigma - \varphi_1 - \varphi_2$，其中 φ_1 是小齿轮根锥角，φ_2 是大齿轮根锥角。以大齿轮齿面所在坐标为基坐标，小齿轮坐标系向大齿轮坐标系转换的坐标变换矩阵为

$$M_{om} = \begin{bmatrix} -\cos\gamma & 0 & -\sin\gamma \\ 0 & -1 & 0 \\ -\sin\gamma & 0 & \cos\gamma \end{bmatrix} \qquad (5-1)$$

将标准安装位置的参数代入齿面方程后，可能无解，意味着没有接触点，需要旋转特定角度后才会出现接触点。当大齿轮绕自身轴线旋转 η_2，小齿轮绕自身旋转轴旋转 η_1 时，大齿轮齿面上 M_2 点和小齿轮齿面上 M_1 点发生共轭接触，在此刻的接触位置处，小齿轮齿面方程、单位法矢量和单位切矢量变为 R_1、N_1 和 T_1，大齿轮齿面方程、单位法矢量和单位切矢量变为 R_2、N_2 和 T_2。根据齿轮啮合原理，R_1、R_2、N_1、N_2 在接触点处满足以下方程组，即

$$\begin{cases} R_1 = R_2 + \overrightarrow{O_2O_1} \\ N_1 = N_2 \end{cases} \quad (5-2)$$

式（5-2）中 O_2 为大轮齿面坐标系的坐标原点，O_1 为小齿轮坐标系的坐标原点。η_2、η_1 可以由参数 q_1、α_1、q_2 和 α_2 表示：

$$\begin{cases} \eta_1 = \arcsin\left[\dfrac{(n_2 \cdot k_2)-(k_1 \cdot k_2)(n_1 \cdot k_1)}{t_1}\right] - \alpha' \\ \eta_2 = \arcsin\left[\dfrac{n_1 \cdot k_1 + \sin\gamma(n_2 \cdot k_2)}{t_2}\right] - \alpha'' \end{cases} \quad (5-3)$$

式中　n_1——小齿轮单位法矢量；

n_2——大齿轮单位法矢量；

k_2——大齿轮旋转轴矢量；

k_1——小齿轮旋转轴矢量；

t_1 与 t_2——由 k_1、k_2 与齿面法矢量决定的参数；

α'、α''——辅助角，大小由 q_1、α_1、q_2 和 α_2 决定。

式（5-2）化为一个矢量方程式，即

$$R_1 = R_2 + \overrightarrow{O_2O_1} \quad (5-4)$$

上述方程组包括 3 个方程表达式和 4 个未知参数。根据给定的安装位置，先假设某一变量的值，再运用迭代法求解其他参数的值，如先假设 q_2 的值，再求解 q_1、α_1 和 α_2 的值，即可得到一个理论接触点的位置。将该点投影到轴截面内，用 x_t、y_t 描述其坐标位置。设 x_t 为小齿轮齿面上 M 点到小齿轮旋转轴的距离，y_t 为 M 点在小齿轮旋转轴的投影到交叉点 O_1 的距离，其方程组为

$$\begin{cases} x_t = \left| \boldsymbol{r}_1 \times \boldsymbol{k}_1 \right| \\ y_t = -\boldsymbol{r}_1 \cdot \boldsymbol{k}_1 \end{cases} \qquad (5-5)$$

理论上局部共轭的齿轮副，其传动比是变化的。设大齿轮转速为 1，小齿轮转速为瞬时传动比 $i(t)$，大小齿轮在啮合位置的相对速度为

$$\boldsymbol{v}_{12} = \boldsymbol{k}_2 \times \boldsymbol{R}_2 - i(t)\boldsymbol{k}_1 \times \boldsymbol{R}_1 \qquad (5-6)$$

$\boldsymbol{v}_{12}$ 满足啮合方程 $\boldsymbol{v}_{12} \cdot \boldsymbol{N}_2 = 0$，瞬时传动比为

$$i(t) = \frac{(\boldsymbol{k}_2, \boldsymbol{R}_2, \boldsymbol{N}_2)}{(\boldsymbol{k}_1, \boldsymbol{R}_1, \boldsymbol{N}_1)} \qquad (5-7)$$

5.2.2　初始接触点的确定

TCA 方法的初始点位置应满足以下条件：通过改变安装距可以改变初始点的位置，初始点处传动比等于齿数比。

双圆弧弧齿锥齿轮的齿面有两条接触迹线，需要分别求出两个初始点。为了描述初始点在齿宽方向的具体位置，此处引入齿宽系数，则初始点在水平方向与大齿轮外端的距离为齿宽系数与齿宽的乘积，垂直方向位于齿面的理论啮合线。以大齿轮为例选取两个初始点，分别位于大齿轮的凸齿齿廓和凹齿齿廓上。大齿轮的初始点坐标如

图 5-2 所示。

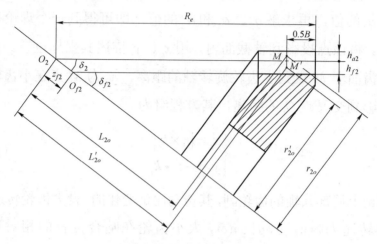

图 5-2　大齿轮的初始点坐标

设 M 和 M' 点分别为大齿轮凸齿齿廓齿面和凹齿齿廓齿面的初始点，M 点到大齿轮旋转轴的距离为 r_{2o}，M 点在大齿轮旋转轴上的投影到交叉点的距离为 L_{2o}，可得 M 点的坐标 r_{2o}、L_{2o} 为

$$\begin{aligned}
r_{2o} &= (R_e - 0.5B)\sin\delta_2 + \Delta h_1 \cos\delta_2 \\
&= (R_e - 0.5B)\sin\delta_2 + h_k \cos\delta_2
\end{aligned} \qquad (5-8)$$

$$\begin{aligned}
L_{2o} &= r_{2o}/\tan\delta_{f2} - \Delta h_2/\sin\delta_{f2} + z_{f2} \\
&= r_{2o}/\tan\delta_{f2} - (h_k + h_{f2})/\sin\delta_{f2} + z_{f2}
\end{aligned} \qquad (5-9)$$

M' 点的坐标 r'_{2o}、L'_{2o} 为

$$\begin{aligned}
r'_{2o} &= (R_e - 0.5B)\sin\delta_2 + \Delta h'_1 \cos\delta_2 \\
&= (R_e - 0.5B)\sin\delta_2 + h_k \cos\delta_2
\end{aligned} \qquad (5-10)$$

$$\begin{aligned}
L'_{2o} &= r'_{2o}/\tan\delta_{f2} - \Delta h'_2/\sin\delta_{f2} + z_{f2} \\
&= r'_{2o}/\tan\delta_{f2} - (h_{f2} - h_k)/\sin\delta_{f2} + z_{f2}
\end{aligned} \qquad (5-11)$$

式中　　R_e——双圆弧弧齿锥齿轮的背锥距；

B——双圆弧弧齿锥齿轮的齿宽；

h_{a2}——双圆弧弧齿锥齿轮的齿顶高；

h_{f2}——双圆弧弧齿锥齿轮的齿根高；

δ_2——双圆弧弧齿锥齿轮的分度圆锥角，又称分锥角；

δ_{f2}——双圆弧弧齿锥齿轮的根锥角；

Δh_1，$\Delta h_1'$——M 和 M' 点到节圆锥面的距离，$\Delta h_1 = \Delta h_k$，$\Delta h_1' = \Delta h_k$；

Δh_2，$\Delta h_2'$——M 和 M' 点到根锥的距离，$\Delta h_2 = h_k + h_{f2}$，$\Delta h_2' = h_{f2} - h_k$；

h_k——理论接触点到节圆锥面的距离；

z_{f2}——分度圆锥面顶点 O_2 和根锥顶点 O_{f2} 的轴向距离。

齿轮的基本参数确定后，可以计算齿轮的几何参数、基本齿廓参数，分别代入式（5–8）～（5–11）可以确定 M 和 M' 点的位置。

5.2.3　初始点参数

大齿轮齿面方程是含有未知参数 q_2 和 α_2 的矢量方程，为了确定它在齿面上的坐标需要将其沿着旋转方向和旋转垂直方向投影。设齿面上给定的初始点到大齿轮旋转的半径为 x_g，该点在旋转上的投影到大齿轮旋转交叉点 O_2 的距离为 y_g，则

$$\begin{cases} x_g = |r_2 \times k_2| \\ y_g = r_2 \cdot k_2 \end{cases} \tag{5-12}$$

采用 TCA 方法分析时，可以首先计算出 r_{2o}、L_{2o}，然后令 $x_g = r_{2o}$、

$y_g = L_{2o}$，利用二元迭代法求解非线性方程组，计算出初始值对应的未知参数 q_2 和 α_2。

另外，采用 TCA 方法时根据初始点满足的条件，要求在起始点处齿轮的传动比等于齿数比，并且满足给定的安装关系。当给定安装误差值时，设 3 个安装参数的调整值分别为 P_o、G_o 和 E_o，再利用二元迭代法求解非线性方程组，求得初始值 q_1 和 α_1。

在固定的坐标系中，设小齿轮齿面 Σ_1 和大齿轮齿面 Σ_2 在 M_0 点处啮合，为方便计算，将接触区近似为椭圆，通过 M_0 点的主方向为椭圆的长轴方向，主方向上的离散点存在齿侧间隙，齿侧间隙示意如图 5-3 所示。n_f 为两个齿面在接触点处的齿面公法线，M 为任意的离散点，其位置向量为

$$\boldsymbol{r}_M = \boldsymbol{r}_{M_0} + \Delta \boldsymbol{M} \qquad (5-13)$$

式中　$\Delta \boldsymbol{M}$——离散点偏离 M_0 的矢量。

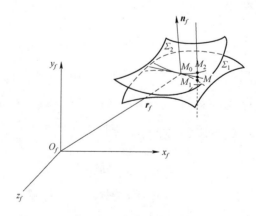

图 5-3　齿侧间隙示意

过 M 点做齿面公法线的平行线，与两个齿面分别相交于 M_1 点和 M_2 点，则 $\overrightarrow{M_1M_2}$ 是 M 点的齿侧间隙。齿面 $\varSigma_1$ 的方程为 $\overrightarrow{r_1\left(q_1,\alpha_1,\phi_1\right)}$，齿轮转角已确定，为 q_1、α_1 齿面参数。M_1 点的坐标为

$$r_{M_1}=\left(x_{M_1}\left(q_1,\alpha_1\right),y_{M_1}\left(q_1,\alpha_1\right),z_{M_1}\left(q_1,\alpha_1\right)\right) \qquad (5-14)$$

由于 $\overrightarrow{M_1M_2}$ 与 $\boldsymbol{n}_f$ 平行，因此有

$$\frac{x_{M_1}-x_M}{n_x}=\frac{y_{M_1}-y_M}{n_y}=\frac{z_{M_1}-z_M}{n_z} \qquad (5-15)$$

将上述方程组联立可以确定 $\boldsymbol{r}_{M_1}$。用同样的方法可以求 $\boldsymbol{r}_{M_2}$，最终确定齿侧间隙 $\overrightarrow{M_1M_2}$。

5.2.4　齿面投影

大齿轮齿面的投影如图 5-4 所示，以大齿轮的根锥所在的直线为 x 轴，垂直于根锥且穿过初始点的直线为 y 轴，交叉点为坐标原点 O 建立坐标系 Oxy。

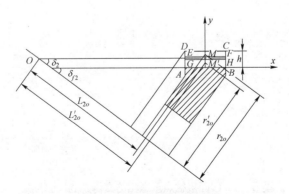

图 5-4　大齿轮齿面的投影

其中

$$
\begin{cases}
y_{AB} = 0 \\
x_{AB} = \dfrac{B}{2} \\
y_{CD} = h \\
x_{DA} = -\dfrac{B}{2} \\
y_{EF} = h_f + x_f - \rho_f \sin\delta_2 \\
y_{GH} = h_f + x_f - \rho_f \sin\delta_2
\end{cases}
\tag{5-16}
$$

采用 TCA 方法时通过初始参数求关键点的坐标、齿面 4 条边界和理论啮合线的直线方程，绘制齿轮齿面上的接触点并向坐标系 Oxy 投影，齿面接触点示意和仿真得到的齿面投影如图 5-5 所示。图中两条细点划线为双圆弧弧齿锥齿轮的理论接触迹线。

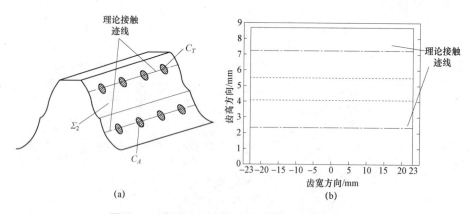

(a)   (b)

图 5-5　齿面接触点示意和仿真得到的齿面投影

（a）齿面接触点示意；（b）仿真得到的齿面投影

5.2.5 弹性接触变形分析

点接触局部共轭齿轮在承载接触时，经过适当跑合后其接触点受载时扩展为接触区，这一点已被广泛应用的圆弧圆柱齿轮所证实。观察跑合后的双圆弧弧齿锥齿轮齿面形貌，其接触区并不是椭圆，而是类似椭圆的香蕉状区域，为了简化计算将之看成长短轴之比比较大的椭圆。采用 LTCA 方法时忽略齿面摩擦，齿轮的齿面接触模型如图 5-6 所示，齿面接触模型的截面如图 5-7 所示。此齿面接触模型是齿轮在总载荷 P 作用下的承载齿面接触模型。在图 5-7 中，设在外力作用下，两个齿面有许多对理论接触点位于接触区内。这些理论接触点对可以表示为 1-1′、2-2′、…、n-n′，n 是总的理论接触点对数量。ε_k 是理论接触点对 $k-k'$ 在接触前的齿侧间隙，设 F_k 是在总载荷 P 的作用下当 k 和 k' 接触时,作用在法线方向的接触力,ω_k 和 $\omega_{k'}$

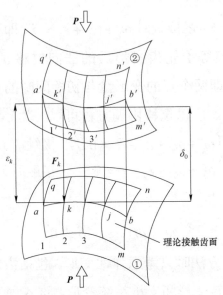

图 5-6 齿轮的齿面接触模型

75

是接触点 k 和 k' 在 F_k 作用下的变形，δ_0 是两个齿面的最小初始间距。假设小齿轮固定，大齿轮轮齿在载荷作用下沿法向的运动量，即轮齿变形后的法向位移为 δ。

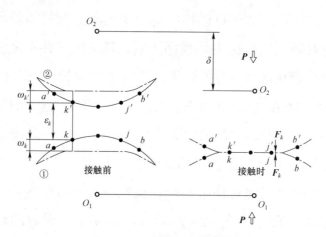

图5-7 齿面接触模型的截面

1）位移协调方程

理论接触点对 $k-k'$ 接触时 $\omega_k + \omega_{k'} + \varepsilon_k = \delta$，即两个点的变形量与初始间隙的和应该等于轮齿变形后的法向位移 δ；而 $k-k'$ 接触前 $\omega_k + \omega_{k'} + \varepsilon_k > \delta$，即两个点的变形量与初始间隙的和应该大于轮齿变形后的法向位移 δ，所以位移协调方程可以写为

$$\begin{cases} \omega_k + \omega_{k'} + \varepsilon_k - \delta > 0 & （接触前）\\ \omega_k + \omega_{k'} + \varepsilon_k - \delta = 0 & （接触时） \end{cases} \qquad （5-17）$$

即

$$\omega_k + \omega_{k'} + \varepsilon_k - \delta \geqslant 0$$

在采用 LTCA 方法时只考虑弹性变形，包括齿面接触变形、轮齿弯曲变形、轮毂扭转变形和支承系统变形，这4种变形在受载时均出

现，但变形程度不同，且接触区变化对 4 种变形的敏感程度是不一样
的，所以分析载荷对接触区的影响比较困难，需要借助各种理论和手
段。利用有限元工具可以探索载荷与变形之间的关系，得出定量关系
并应用于 LTCA 方法，使分析结果更加符合真实工况。

2）弹性接触的力平衡方程

本书中假设所有理论接触点的接触力沿着法向总载荷的作用方
向，由于接触区域一般比较小，这种假设在工程上是合理的，因此，
作用在齿面上的总载荷 P 等于各个齿面分布载荷 F_j（$j=1,2,3,\cdots,n$）
之和，力平衡方程可以写为

$$P = \sum_{j=1}^{n} F_j \qquad\qquad (5-18)$$

3）数学模型的求解方法

前面的位移协调方程和力平衡方程是判断点是否接触的条件。
承载齿面接触问题可以看作是在已知变形影响系数 S_{kj}、初始间距 ε_k、
总载荷 P 的条件下，寻找满足上述方程的齿面分布载荷 F_j。此时轮
齿接触的数学模型为

$$\begin{cases} [S][F] + [\varepsilon] - \delta[e] \geqslant [\mathbf{0}] \\ [e]^{\mathrm{T}} \cdot [F] = P \end{cases} \qquad\qquad (5-19)$$

式中　$[S]$——以变形影响系数 S_{kj} 为变量的关系式；

$\qquad$ $[F]$——以齿面分布载荷 F_j 为变量的关系式；

$\qquad$ $[\varepsilon]$——以初始间距 ε_k 为变量的关系式。

式（5-19）是一个由已知参数 S_{kj}、ε_k、P 和未知参数 F_j、δ 组
成的非线性方程组，目标函数是使变形最小。利用 MATLAB 求解非
线性方程组可以得出结果。δ 是当前接触位置载荷作用下的线位移传

动误差。

5.2.6　传动误差曲线

与 Gleason 锥齿轮相比，双圆弧弧齿锥齿轮没有齿面失配量，但轮齿弯曲变形仍会引起传动误差。采用 TCA 方法时在大齿轮和小齿轮的第一点接触位置，其传动比等于理论传动比，也就是齿数比。但在其余各瞬时接触点，其传动比由瞬时传动比决定，不一定等于理论传动比。本书用曲线图来描述误差，其函数式为

$$i(t) = \frac{(k_2, R_2, N_2)}{(k_1, R_1, N_1)} \qquad (5-20)$$

假设大小齿轮从机床调整位置到啮合位置处转过的角度分别为 ε_{10}、ε_{20}，则两个齿轮从初始接触点位置到当前接触点位置要转过的角度满足：

$$\begin{cases} \Delta\varepsilon_1 = \varepsilon_1 - \varepsilon_{10} \\ \Delta\varepsilon_2 = \varepsilon_2 - \varepsilon_{20} \end{cases} \qquad (5-21)$$

假定小齿轮为主动轮，大齿轮为被动轮。在齿轮副传动比恒定时，小齿轮转过 $\Delta\varepsilon_1$ 时，大齿轮转过的角度 $\Delta\varepsilon_2 = \Delta\varepsilon_1 z_1 / z_2$；随着齿轮接触点的变化，齿轮的传动比也变化，$\Delta\varepsilon_2 \neq \Delta\varepsilon_1 z_1 / z_2$，其传动误差 $\Delta\varepsilon$ 满足：

$$\Delta\varepsilon = \Delta\varepsilon_2 - \Delta\varepsilon_1 \frac{z_1}{z_2} \qquad (5-22)$$

式中　z_1——大齿轮齿数；

　　　z_2——小齿轮齿数。

以 $\Delta\varepsilon_1$ 为横坐标，$\Delta\varepsilon$ 为纵坐标得出的仿真曲线为传动误差曲线，

以 $\dfrac{2\pi}{z_2}$ 为周期可以得到完整的传动误差曲线。

5.3　接触区的影响因素

从理论分析和生产实践中可知，圆弧圆柱齿轮对中心距误差相对敏感，而双圆弧弧齿锥齿轮的安装距对其啮合性能的影响需要重点研究。锥齿轮传动相当于两个节圆锥面相切做纯滚动，在接触点两个齿面的螺旋角相等、齿面相切。由于没有端面重合度，当安装距发生变化时，接触区的变化将影响齿轮啮合特性。

5.3.1　螺旋角变化的影响

在图 5−8 中，主动轮增大安装距改变量 ΔH 时，从动轮安装距减小 $\Delta H \cdot \tan\phi$，接触区计算点的齿宽中点分别移到两个位置。由于齿宽方向各点的螺旋角不相等，在原接触点处，两个齿面的螺旋角不相等，此时齿面不再相切啮合。为了使接触点处的螺旋角相等，要求两个齿轮各转过一定角度，即接触区计算点在齿宽方向移动，不可能保持在

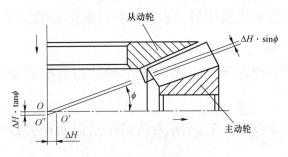

图 5−8　安装距变化

齿宽中点处。若移动幅度过大，则接触区计算点在齿宽外，引起该齿廓齿面在运转过程中不能接触，从而使双啮合线变成单啮合线，失去双圆弧齿廓的优势，因此双圆弧弧齿锥齿轮对支承系统的刚度和安装距要求较高。

图 5-9 是两个理论节圆锥面的公切面。M 点是理论位置的节点，对于渐开线齿轮，M 点是接触区计算点；对于圆弧齿轮，M 点是接触点处齿廓圆弧半径与瞬时旋转轴的交点。

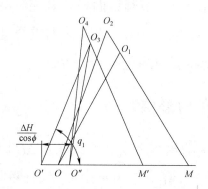

图 5-9　两个理论节圆锥面的公切面

齿轮安装距改变后，其分度圆锥顶的投影分别移到 O' 和 O'' 点，M 点在瞬间接触点上移动至 M' 点，公切面上的齿廓曲率中心 O_1 和 O_2 则分别移到 O_3 和 O_4。这时，O_3、O_4、M' 仍在一条直线上，以保证 M' 点处两个齿面的螺旋角相等。现在求中点锥距 L 的变化量，在图 5-9 中有如下关系式：

（1）$O_4M' = O_2M = R_1$，R_1 为主动轮凸齿面铣刀盘半径（如凹齿廓）；

（2）$O_3M' = O_1M = R_2$，R_2 为从动轮凸齿面铣刀盘半径（如凹齿廓）；

（3）$O_3O_4 = O_1O_2 = \Delta R$，$\Delta R$ 为两个齿轮的铣刀盘半径差；

（4）$OM = L$，L 为理论齿宽的中点锥距；

（5）$O''M' = L_1$，L_1 为主动轮节点处的中点锥距；

（6）$O'M' = L_2$，L_2 为从动轮节点处的中点锥距；

（7）$O''O_4 = OO_2 = S_1$，S_1 为主动轮刀位；

（8）$O'O_3 = OO_1 = S_2$，S_2 为从动轮刀位；

（9）$O'O = \dfrac{\Delta H}{\cos\phi}$，$\dfrac{\Delta H}{\cos\phi}$ 为安装距改变量 ΔH 的投影长度。

以上各符号之间的关系式为

$$S_1^2 = L^2 + R_1^2 - 2LR_1\sin\beta \tag{5-23}$$

$$S_2^2 = L^2 + R_2^2 - 2LR_2\sin\beta \tag{5-24}$$

$$L_1 = L_2 - \frac{\Delta H}{\cos\phi} \tag{5-25}$$

$$R_1 = R_2 + \Delta R \tag{5-26}$$

$$R_2^2 = S_2^2 + L_2^2 - 2S_2L_2\cos q_1 \tag{5-27}$$

$$(O''O_3)^2 = S_2^2 + \left(\frac{\Delta H}{\cos\phi}\right)^2 - 2S_2\left(\frac{\Delta H}{\cos\beta}\right)\cos q_1 \tag{5-28}$$

$$(O''O_3)^2 = S_1^2 + \Delta R^2 - 2S_1\cdot\Delta R\cdot\cos\theta \tag{5-29}$$

$$L_1^2 = S_1^2 + R_1^2 - 2S_1R_1\cos\theta \tag{5-30}$$

联立式（5-23）～（5-30）可得三元一次方程，即

$$\frac{\Delta R}{R_1}\left(\frac{\cos\phi}{\Delta H}\right)L_2^3 + \left(\frac{R_2}{R_1}\cdot\frac{\Delta R}{R_1}\right)L_2^2 - \left(\frac{\Delta H}{\cos\phi}\cdot\frac{R_2}{R_1} + \frac{\cos\phi}{\Delta H}\cdot\frac{\Delta R}{R_1}\cdot L^2\right)L_2 +$$

$$(L^2 - 2LR_2\sin\beta) = 0 \tag{5-31}$$

根据卡尔丹诺公式，可求得解析解。假设 $A = \frac{1}{3}\frac{\Delta H}{\cos\phi} \cdot \left(1 - \frac{R_2}{\Delta R}\right)$。为方便求解，化简为 $A = \frac{1}{3}(1-B)C$，其中 $B = \frac{R_2}{\Delta R}$，$C = \frac{\Delta H}{\cos\phi}$。将 $L_2 = Y + A$ 代入式（5-31）化为标准型，得

$$Y^3 - 3PY - 2Q = 0$$

其中

$$P = \frac{1}{3}(3A^2 + BC^2 + L^2) = \frac{(\Delta H)^2}{9\cos^2\phi}(1 - B - B^2) + \frac{L^2}{3}$$

$$Q = \frac{1}{2}[2A^3 + ABC^2 + AL^2 - (B+C)(L^2 - 2LR_2\sin\beta)C]$$

$$= \frac{\Delta H}{\cos\phi}\left[\frac{1}{54}(2 + 3B - 3B^2 - 2B^3)\left(\frac{\Delta H}{\cos\phi}\right)^2 + \right.$$

$$\left. (B+1)LR\sin\beta - \frac{2B+1}{3}L^2\right]$$

则其判别式为

$$Q^2 - P^3 = B^2C^2L^2R_2^2\sin^2\beta + BC^2LR_1\sin\beta\left[\frac{1}{27}C^2(-2 - 3B + 3B^2 + 3B^3)\right.$$

$$\left.\frac{2}{3}L^2(2B+1)\right] - \frac{1}{27}L^2C^4(B^4 + 2B^3 - 2B^2 - 3B - 1) -$$

$$\frac{1}{27}B^2C^6\left(\frac{1}{4}B^2 + B + \frac{1}{4}\right)$$

（5-32）

在这个判别式中，B 对常用渐开线在 15～75。对于双圆弧弧齿锥齿轮，考虑铣刀盘加工因素，采用简单单面切削法加工，则其在 15～30。$C = \Delta H / \cos\phi$ 与中点锥距 L 相比是一个很微小的量，中点螺旋角

一般在 30°~40°，铣刀盘半径 R 与 L 相近，判别式总是小于 0 的。

根据判别式（5-32），L_2 有 3 个不同的实数解，舍去负数和接近 0 的数，解为

$$L_2 = 2\sqrt{P}\cos\left(\arccos\frac{Q}{P^3}\right) + A \qquad (5-33)$$

双圆弧弧齿锥齿轮的接触区计算点不在节点处，还应换算成齿面的变化量。由图 5-8 可知，主动轮安装距减小 ΔH 时，分度圆锥面从原来与节圆锥面重合的位置，垂直移动 $\Delta H \cdot \sin\phi$ 的距离，因此实际节点与原设计节点不重合，在实际节点处的铣刀盘半径和中点锥距为

$$R' = R - \Delta H \sin\phi\cot\alpha \qquad (5-34)$$

$$L' = L - \Delta H \sin\phi\cot\alpha\sin\beta' \qquad (5-35)$$

其中 R、L 为理论节点 M 的铣刀盘半径和中点锥距，β' 为实际节点的螺旋角，与理论节点的螺旋角相近。

将 L'、R' 代入式（5-31）及有关参数 P、Q、A 的等式，可得到中点锥距的改变量，如图 5-10 所示，接触区计算点在齿宽方向的改变量 Δb 满足：

$$\Delta b = R_i \tan(q - q_1) \qquad (5-36)$$

其中

$$q_1 = \cos\left(-\frac{S^2 + R'^2 - L'^2}{2SR'}\right)$$

$$R_i = R + \rho\cos\alpha + c$$

ρ 为齿廓半径，c 为齿廓圆心偏移量。

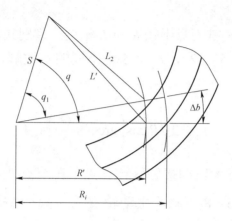

图 5–10 铣刀盘半径与中点锥距

从图 5–9 和图 5–10 可以看出，主动轮增大安装距，从动轮适当减小安装距，接触区靠向主动轮凹齿面的小端和从动轮凸齿面的小端；主动轮减小安装距时，情况相反。

5.3.2 端面模数变化的影响

锥齿轮的安装距改变后，其分锥顶点不重合，中点锥距不相等，因此接触点处的端面模数不相等。由于

$$\frac{m_x}{m_e} = \frac{L_x}{L_e} \qquad (5-37)$$

式中 m_x ——大齿轮的端面模数；

　　　　m_e ——小齿轮的端面模数；

　　　　L_x ——主动轮节点处的中点锥距；

　　　　L_e ——从动轮节点处的中点锥距。

中点锥距的变化量 ΔL 满足：

$$\Delta L = L_x - L_e = \frac{\Delta H}{\cos \phi} \qquad (5-38)$$

端面模数之差 Δm 满足：

$$\Delta m = \frac{m_e}{L_e} \cdot \frac{\Delta H}{\cos \phi} \qquad (5-39)$$

由此可得单个齿距偏差为

$$\Delta t = \pi \cdot \Delta m = \frac{\pi m_e}{L_e \cos \phi} \cdot \Delta H \qquad (5-40)$$

　　齿轮安装后，单个齿距偏差即固定，相当于改变了端面齿侧间隙，如图 5-11 所示。主动轮增大安装距，从动轮减小安装距，由于单个齿距偏差 Δt 的影响，使一个齿轮大于另一个齿轮的齿槽，导致啮合无法进行，因此必须适当增加锥齿轮的顶隙，使轮齿适合齿槽，其影响如前所述，接触区要偏离节线。

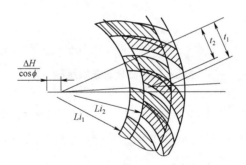

图 5-11　端面齿侧间隙

　　此外端面模数差还会引起齿廓半径差 $\Delta \rho$ 的改变。其中一对齿廓的 $\Delta \rho$ 减小，另一对齿廓的 $\Delta \rho$ 增大，前者使接触区略偏节线，后者使接触区略靠向法线，并且影响跑合时间。

　　总之，端面模数的变化主要影响齿高方向。齿侧间隙设计值较大的情况主要考虑齿廓半径差 $\Delta \rho$ 的影响，安装距增大的齿轮，其凸齿廓上接触区靠向齿顶,凹齿廓上接触区靠向节线;安装距减小的齿轮,其凹齿廓上接触区靠向齿根,凸齿廓上接触区靠向节线。齿侧间隙设计值较小的情况,则要考虑单个齿距偏差 Δt 的影响。

5.3.3　锥齿轮旋转轴歪斜对齿面接触区的影响

锥齿轮旋转轴在理论上是相交的,其交点为两个锥齿轮的节圆锥面顶,但由于加工和装配的误差,其旋转轴难以保证完全相交,这对齿面接触区有很大的影响,导致旋转轴歪斜,如图 5－12 所示。

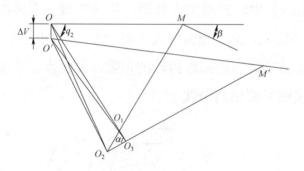

图 5－12　旋转轴歪斜示意

假定从动轮的旋转轴保持不变,主动轮的旋转轴歪斜,节圆锥面顶点从 O 移动到 O',其齿廓曲率中心也从 O_1 移动到 O_3,产生的影响与安装距所产生的影响相似。

设主动轮节圆锥面顶的偏移量 $OO' = \Delta V$,其他符号与前文相同,则有

$$\sin q_2 = \frac{R_2}{S_2} \cos \beta \qquad (5-41)$$

所以

$$(O'O_2)^2 = \Delta V^2 + S_2^2 - 2\Delta V \cdot S_2 \cos \beta \qquad (5-42)$$

$$(O'O_2)^2 = S_1^2 + \Delta R^2 - 2S_1 R_1 \cos \alpha \qquad (5-43)$$

$$(O'M')^2 = S_1^2 + R_1^2 - 2S_1 R_1 \cos \alpha \qquad (5-44)$$

综合式（5-42）～（5-44），可以简化成

$$L_1^2 = (O'M')^2 = L^2 + \frac{\Delta V}{\Delta R} R_1 (2R_2 \cos \beta - \Delta V) \qquad (5-45)$$

略去微小量 $\dfrac{\Delta V^2}{\Delta R} R_1$，可得

$$L_1 = \sqrt{L^2 + 2\frac{\Delta V}{\Delta R} R_1 R_2 \cos \beta} \qquad (5-46)$$

反映到齿宽上的改变量与式（5-39）的形式相同，即

$$\Delta b = R_i \tan(q - q_2) \qquad (5-47)$$

其中

$$q_2 = \arccos \frac{S_1^2 + R_1^2 - L_1^2}{2S_1 R_1}$$

从式（5-44）可得结论：ΔV 越大，Δb 越大，如果 ΔV 一定，则螺旋角增大，也会使 Δb 增大；Δb 与 $\dfrac{1}{R_2} - \dfrac{1}{R_1}$ 有关，即 Δb 随曲率半径差的减小而增大。

ΔV 的符号决定了 Δb 的位置，如图 5-13 所示。

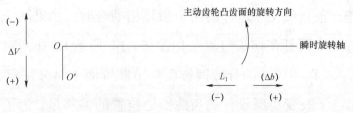

图 5-13　偏移量 ΔV 的符号与 Δb 的位置关系

相对于瞬时旋转轴，在主动轮凸齿面驱动从动轮凹齿面的情况下，ΔV 的移动方向与齿面线速度方向相反时，为负；ΔV 取正值时，Δb 向大端靠近，否则相反。

双圆弧弧齿锥齿轮在实际的加工制造和装配过程中，加工误差和安装距的调整精度也会对接触区位置产生影响，为使接触区保持在设计位置，需要对安装距进行调整。从后期试验情况来看，在齿宽方面的接触位置总是可以调整到满意的位置，但齿高方向有时不易调整，经过跑合才能使接触区在齿高方向调整到合适的位置。

5.3.4 接触区误差分析

螺旋锥齿轮（双圆弧弧齿锥齿轮为它的一种形式）齿面接触区的形状、位置、大小，对齿轮的平稳运转、使用寿命及振动噪声等有直接影响，本书主要分析齿面接触区的计算点移动规律。双圆弧弧齿锥齿轮的双圆弧齿廓与渐开线齿廓不同，分度圆锥面是否相切，对齿面接触区影响很大，本书主要分析齿面接触区在齿高方向变化的影响。

由于弧齿锥齿轮的刀具与齿轮的加工都是用成形法先后两次制成的（齿轮用简单单面切削法加工），误差影响可能使两个齿廓的分度线不在一条直线上。这样的两个齿轮相啮合时，如果两个锥齿轮的凸齿面节圆锥面都在切齿位置（如图 5–14 所示），在两对啮合齿面 Σ_{2T} 和 Σ_{1A}、Σ_{1T} 和 Σ_{2A} 的分度圆锥面与节圆锥面上将分别存在 $\pm\Delta C$ 的距离，相当于改变了原设计的齿廓圆心位置的偏移量。为了消除刀具和齿轮加工的产生误差，可以通过调整齿轮安装距，即通过移动锥齿轮的轴向位置来减小锥齿轮的顶隙,使齿面接触区在齿高方向有满意的接触位置。

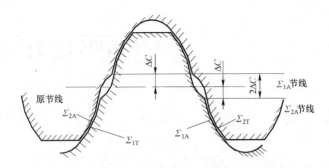

图 5-14   两个锥齿轮的凸齿面节圆锥面都在切齿位置的情况

第 6 章
圆弧齿轮的跑合

双圆弧弧齿锥齿轮具有良好的跑合特性。目前我国重卡驱动桥上主减速器锥齿轮考虑成本原因，在热处理之后均不进行磨齿。若将双圆弧弧齿锥齿轮应用于驱动桥中，不经磨齿如何快速有效地跑合以适应传动工况，这是目前需要解决的问题。

双圆弧弧齿锥齿轮的优越性只有经过跑合才能得到充分的发挥。通过跑合，凸凹齿廓可以在设计啮合位置紧密贴合，且接触位置由点接触转化为面接触。快速而有效的跑合是提高双圆弧弧齿锥齿轮承载能力的关键。

本章从润滑、摩擦磨损和接触力学的角度对双圆弧弧齿锥齿轮的跑合机理进行探索。

6.1 圆弧齿轮的跑合理论

跑合加速法向齿廓的凸凹齿廓的曲率半径趋于一致，在设计位置贴合，从微分几何的角度来看，跑合理论用于研究圆弧齿轮法向齿廓曲率半径的变化过程。由于跑合的效果是通过齿面磨损表现出来的，因此可以认为双圆弧弧齿锥齿轮的跑合实际上是人为控制的早期齿面磨损。本书结合摩擦磨损理论，从几何角度对双圆弧弧齿锥齿轮的跑合原理进行研究。

圆弧齿轮（圆弧齿廓齿轮）特有的几何特性和运动特性，决定了其承载能力比渐开线齿轮更具潜力，而这种承载潜力是以良好的跑合为基础的。双圆弧弧齿锥齿轮的法向齿廓在理论上是点接触，啮合时接触面积很小，齿面接触应力很大。经跑合以及受载产生弹性变形后，双圆弧弧齿锥齿轮的接触副由点接触状态迅速转换为面接触，从而使接触应力迅速下降。

圆弧齿轮具有较高的接触强度，可以采用调质齿面双圆弧齿轮代替渗碳淬火硬齿面渐开线齿轮。随着工业的发展，硬齿面齿轮逐渐成为主流齿轮。硬齿面可以提高齿面接触强度和抗胶合性，但是会出现热处理之后的齿面修正问题。

双圆弧弧齿锥齿轮的磨齿成本较高，采用硬齿面后的跑合性能是必须研究的问题。圆弧齿轮的跑合是必不可少的，由于加工误差和安装误差的存在，双圆弧弧齿锥齿轮的原始凸凹齿廓圆弧必须保持一定的半径差，经过跑合，齿面产生磨损，凸齿圆弧半径增大，凹齿圆弧半径减小，二者逐渐趋于贴合，才能产生较好的接触区，同时齿面在跑合中相互滚压产生齿面硬化，从而改善齿面的表面粗糙度。双圆弧弧齿锥齿轮跑合前后的齿廓半径如图 6-1 所示。

图 6-1 是表达原来半径分别为 r_1，r_2，圆心也不在一起的两段圆弧齿廓，通过跑合后，半径和圆心都相同，这样的两段齿廓的接触面积变大。

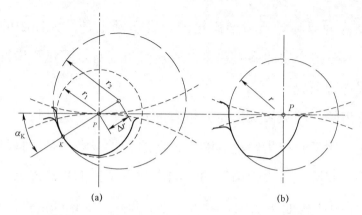

图6-1 双圆弧弧齿锥齿轮跑合前后的齿廓半径

（a）跑合前；（b）跑合后

图 6-1 是表达原来半径分别为 r_1、r_2，圆心也不在一起的两段弧齿廓，通过跑合，半径和圆心都相同，这样的两段齿廓的接触面积变大。

图中，r_1 是凸齿齿廓半径，r_2 是凹齿齿廓半径，K 是理论接触点，α_K 是压力角。

研究跑合必须研究齿面磨损，从摩擦磨损润滑理论[①]出发，对跑合磨损，以及齿面硬度的影响进行评估。但跑合与齿面磨损不是完全一致的，对于不同几何特性的齿面，跑合磨损量与齿面磨损量、跑合磨损速率与齿面磨损速率有不同的数学关系，将这两方面结合起来，才能对硬齿面双圆弧弧齿锥齿轮的跑合过程有比较全面的认识。跑合的效果是通过齿面磨损达到的，在相同条件下，硬齿面的磨损难度比软齿面大，这必然对硬齿面双圆弧弧齿锥齿轮的跑合产生影响。但工业应用试验表明，硬齿面双圆弧弧齿锥齿轮的跑合性能良好，针对这一事实，从理论上解释才具有普遍意义，因此本书采用经典理论

---

① 摩擦磨损润滑理论认为摩擦必然有能量损耗和表面物质的丧失或转移，即磨损。在摩擦面间加入润滑剂可以降低摩擦，减小磨损的产生，三者互为因果关系。

对其跑合机理进行研究。

6.1.1　跑合过程中的油膜

跑合通过齿面磨损实现，齿面磨损与润滑条件密切相关。在边界润滑、混合润滑或流体润滑的不同条件下，齿面磨损的程度不同，磨损速率差了几个数量级。

描述齿面润滑状况下的油膜比厚 λ 计算公式如下：

$$\lambda = \frac{h_{\min}}{\sigma} \tag{6-1}$$

式中　　$h_{\min}$——最小油膜厚度；

　　　　σ——齿面的综合粗糙度。

油膜比厚是齿面之间的最小油膜厚度与两齿面综合粗糙度之比，常用来描述润滑状态。油膜比厚越大，润滑剂分离两个啮合齿面的趋势就越强。

不同范围的 λ 对应不同的润滑条件，一般认为 $\lambda > 3$ 时为流体润滑，$1 < \lambda < 3$ 时为混合润滑。在跑合过程中 $h_{\min}$ 和 σ 发生变化，从而引起 λ 的变化。由于 $h_{\min}$ 对 λ 的变化起决定作用，因此有必要依据弹性流体动力润滑（EHL）理论，讨论跑合过程中的油膜。现有的EHL 理论只适用于 $\lambda > 3$ 的情况，当 $\lambda < 3$ 时，σ 将对油膜产生一定的影响。

跑合过程中的很多影响因素都在变化，油膜随着跑合的进行逐渐发生变化，而跑合完成后可以看作是稳定状态。为了进行对比，先进行稳态油膜的研究。

为方便分析，将油膜看作在法向齿廓内的线接触，利用 Dowson-

Higginson（道森-希鑫森）公式计算油膜厚度，将齿面接触看作沿齿高方向为线接触的一对互相滚动的当量圆柱体，当量圆柱体的半径是齿面接触弧中部垂直于接触弧方向的法曲率半径。在理想的接触状况下，两个当量圆柱体的当量曲率半径满足：

$$\rho = \frac{\rho_1 \rho_2}{\rho_1 + \rho_2} = \frac{ai}{(1+i)^2 \sin\alpha \sin^2\beta} \qquad （6-2）$$

式中　ρ——当量曲率半径；

　　　ρ_1——主动齿轮的圆柱体曲率半径；

　　　ρ_2——从动齿轮的圆柱体曲率半径；

　　　i——传动比；

　　　α——压力角；

　　　β——螺旋角；

　　　a——中心距。

两个当量圆柱体的平均滚动速度满足：

$$v = \frac{1}{2}(v_{j1} + v_{j2}) \qquad （6-3）$$

$$v = \frac{1}{2}(v_{j1}^2 + v_{j2}^2 - 2v_{j1}v_{j2}\cos\theta) \qquad （6-4）$$

式中　θ——v_{j1}、v_{j2} 的夹角的补角；

　　　v_{j1}、v_{j2}——齿面名义啮合点沿接触迹线运动的线速度。

将式（6-3）中 v_{j1}、v_{j2} 的表达式代入式（6-4）得

$$v = \frac{1}{2\sin\beta}[w_1\sqrt{r^2\cos^2\alpha + (R_1 + r\sin\alpha)^2} +$$
$$w_2\sqrt{r^2\cos^2\cos^2\alpha + (R_2 - r\sin\alpha)^2}] \qquad （6-5）$$

式中　R_1、R_2——齿轮的分度圆半径；

w_1、w_2——齿轮的角速度；

r——齿廓圆弧半径。

得出 ρ 和 v 后可以利用 Dowson-Higginson 公式计算最小油膜厚度 h_{min}。

Dowson-Higginson 公式如下：

$$h_{min} = 2.65\alpha^{*0.54}\eta_0^{0.7} E'^{-0.03} R^{0.43} U^{0.7} W'^{-0.13}$$

式中　α^*——润滑油的压粘系数；

η_0——润滑油的动力粘度；

E'——材料的综合弹性模量；

R——齿轮在啮合点处的当量曲率半径；

U——齿轮在啮合点处润滑油的卷吸速度；

W'——齿轮在啮合点处单位接触长度上的载荷。

可得

$$h_{min} = \rho \times 1.6 \times \left(\frac{\eta_o v}{E\rho}\right)^{0.7} (\alpha E)^{0.6} \left(\frac{W}{E\rho}\right)^{-0.13} \qquad (6-6)$$

式中　η_o——润滑油在接触区进口的压力和温度条件下的黏度；

E——综合弹性模量；

α——润滑油的压力黏度指数；

W——单位接触长度上的载荷。

Dowson-Higginson 公式可以写作无量纲表达式，即

$$H^* = 1.6 U^{0.7} G^{0.6} W^{-0.13} \qquad (6-7)$$

其中，H^*、G、U、W 为无量纲指数，$H^* = \dfrac{h_{min}}{\rho_x}$，$U = \dfrac{\eta_o v}{E\rho_x}$，$W = \dfrac{P}{E\rho_x^2}$，

$G = \alpha E$。

需要指出的是，双圆弧弧齿锥齿轮法向齿廓与 Dowson-Higginson 公式所要求的理想条件不同，这主要表现在：圆弧齿轮在齿高方向的接触迹线很短，无法忽略端漏的影响；圆弧齿轮的滑动在端面内，而不在滚动方向。这些都会引起计算误差。

在跑合过程中，圆弧齿轮为名义啮合点接触。关于点接触的油膜也有一些可供参考的研究成果，美国的摩擦学专家阿查德（J. F. Archard）用相交成 45° 的一对圆柱滚子作为摩擦副进行试验，用电容法测量油膜厚度，其结论为

$$h_{\min} = (\alpha \eta_o)^{0.57} v^{0.55} \rho^{0.52} \qquad （6-8）$$

美国学者乔哈尔（Gohar）用球和圆盘作为摩擦副进行试验，用光波干涉法测量油膜厚度，其结论为

$$H^* = 1.28 U^{0.7} G^{0.49} W^{-0.11} \qquad （6-9）$$

这两个试验和双圆弧弧齿锥齿轮的实际情况差别较大，未能提供点接触的圆弧齿轮油膜计算公式，引证这两个试验是为了说明：EHL 理论对于线接触和点接触是一致的；油膜厚度受当量曲率半径及滚动速度的影响较大，受载荷及材料弹性常数的影响要小得多。由此可以得出结论：双圆弧弧齿锥齿轮跑合后的曲率半径发生变化，跑合前后的油膜厚度也会相应发生变化。

美国摩擦学专家道森（Dowson）提出的点接触油膜厚度计算公式适用于点接触的圆弧齿轮，即在接触区域不发生供油不足的条件下，有

$$H^* = 3.63 U^{0.68} G^{0.49} W^{-0.073} (1 - e^{-0.68k}) \qquad （6-10）$$

式中，k 表示齿面接触区的椭圆率，其表达式为

$$k = 1.03 \left(\frac{\rho_y}{\rho_x} \right)^{0.64}$$

式中，ρ_x、ρ_y 表示两个接触齿面在 x 方向和 y 方向的当量曲率半径，x 和 y 分别是椭圆的长轴方向和短轴方向，平均滚动速度 v 的方向与 x 方向一致，这对于圆弧齿轮是成立的。对于点接触圆弧齿轮，可以近似地认为

$$\begin{cases} \dfrac{1}{\rho_x} = \dfrac{(1+i)^2 \sin\alpha \sin\beta}{ai} \\[3mm] \dfrac{1}{\rho_y} = \dfrac{r_f - r_a}{r_f r_a} \end{cases} \qquad (6-11)$$

式中　r_f——齿根圆半径；

　　　r_a——齿顶圆半径。

随着跑合的进行，圆弧齿轮的凸凹齿面沿齿高方向逐渐贴合，即 ρ_y 逐渐增大，由公式（6-10）可知此时 $h_{\min}$ 也逐渐增厚，对比式（6-9）和式（6-10），可发现圆弧齿廓的线接触油膜是点接触油膜发展到极限的情形。

齿面磨损速率依赖油膜厚度。在正常情况下，随着跑合的进行，油膜增厚，齿面的表面粗糙度改善，加工硬化形成，齿面磨损速率逐渐降低，最后会达到一个极低的稳定值。

6.1.2　跑合磨损机理

实际的磨损牵涉接触齿面上下的多方面因素，机理十分复杂，现代科学还未对此有理论性的研究结果。由于这种复杂性，不同的学派可能强调不同的方面。

1. 黏着磨损

两个齿面之间伴随着滑动产生黏着磨损，法向齿廓在啮合时存在相对滑动，在跑合期间由于油膜比厚 λ 不够大，也要产生黏着磨损。英国学者波顿（Bowden）和泰伯（Tabor）对于金属黏着的解释是：任何实际齿面都具有粗糙度，分布着微波的凸峰和凹谷，真实接触只建立在少数微凸体之间。真实的接触面积约是名义接触面积的万分之一，即使在较低的载荷下，参与接触的微凸体的局部应力也很高，于是发生塑性流动，生成黏着结点。相对滑动时黏着结点在切向力的作用下被破坏，发生物质的转移。对于磨屑的生成过程，美国学者拉宾诺维奇（Rabinowicz）认为：转移后黏附在对方齿面上的微粒经过反复加载与卸载，内部会蓄积形变能量，当能量达到微粒脱开所需的界面能时，此微粒就成为磨屑进入滑动机构。也有学者认为磨屑是经历一个疲劳过程后脱落的。

美国学者霍尔姆（Holm）对于典型的黏着磨损给出了磨损定律（Holm 定律），即

$$\frac{V}{S} = C_1 \frac{W}{\sigma_y} \tag{6-12}$$

式中　$\dfrac{V}{S}$——体积磨损率，V 是体积磨损量，S 是滑动距离；

　　　C_1——磨损常数，在美国学者阿恰德（Archard）提出的类似定律中，$C_1 = \dfrac{1}{3}\beta$，β 是在单位滑动距离的黏着结点中生成磨屑的概率；

　　　W——垂直载荷；

σ_y ——两个接触齿面中较软一个的流动压力。

由于材料的流动压力与硬度成正比，Holm 定律也可以表示为

$$\frac{V}{S} = C_1 \frac{W}{H}\qquad(6-13)$$

式中　H ——两个接触齿面的表面硬度。

Holm 定律是根据较简单的模型得到的，实际的磨损情况要复杂得多。参加接触的微凸体高度不一致，可以认为在多数工程表面（指加工过的表面）的微凸体高度分布为正态分布，但上面四分之一部分的高度分布是指数分布。不同高度的微凸体接触程度不一样，产生的局部应力也不一样，由于硬度较高或发生加工硬化，一部分接触较轻的微凸体会处于弹性的相互作用下,这些微凸体的破坏是疲劳机理引起的。

格林伍德（Greenwood）和威廉森（Williamson）引入了塑性指数 ϕ 的概念，即

$$\phi = \frac{E}{H}\left(\frac{\delta}{H}\right)^{\frac{1}{2}}\qquad(6-14)$$

式中　E ——两个接触齿面的综合弹性模量；

　　　δ ——微凸体高度分布的标准差；

　　　R ——微凸体的平均曲率半径。

根据他们的研究，$\phi < 0.6$ 时在一般载荷下齿面上的接触是弹性的，$\phi > 1$ 时，即使在很轻的载荷下也会有局部塑性接触，整个齿面上的接触常是混合的，对于绝大多数情况来说，$\phi > 1$。

2. 黏着–疲劳磨损

Holm 定律适用于塑性指数 ϕ 较大的场合。当 ϕ 不够大或由于加

工硬化使 ϕ 减小时，应考虑黏着－疲劳的复合磨损机理。英国学者霍林（Halling）针对这种情况，提出一个与塑性损坏标准相关联的损坏标准，即

$$\left(\frac{\varepsilon_{\text{o}}}{\varepsilon}\right)^{m} = N \qquad (6-15)$$

式中　ε_{o}——微凸体在一次受载后（即损坏时）产生的应变；

　　　ε——微凸体在相互接触时产生的实际应变；

　　　m——指数，对于金属，取 $m=2$；

　　　N——对应一定的 ε 造成微凸体损坏所需的总接触次数。

Halling 建立了一个简化模型来计算 ε。假设微凸体均为球形，半径为微凸体的平均曲率半径 R，则有

$$\varepsilon = \left(\frac{k}{\pi BC}\right)^{\frac{1}{P}} \lambda^{\frac{1}{2}} R^{-\frac{1}{2}} \delta^{\frac{1}{2}} \qquad (6-16)$$

式中　P——齿面硬化程度的指数，其中 $P=1$ 为完全弹性状态，$P=0$ 为完全塑性状态；

　　　λ——由齿面硬化程度决定的面积因子，$\lambda=2-\sqrt{P}$；

　　　B、C、k——常系数，与一定的 P 相对应；

　　　δ——微凸体接触时的变形量。

用幂函数表示磨屑体积与微凸体应变的关系，即

$$V_{i} = \gamma \varepsilon^{t} \qquad (6-17)$$

式中　V_{i}——单个磨屑的体积；

　　　γ——常系数；

　　　t——指数。

不同高度的微凸体接触时会产生不同的变形量 δ，对所有的情况

进行积分，可得出如下磨损公式：

$$\frac{V}{S}=\frac{n\gamma}{\pi\varepsilon_o^m}\cdot\frac{(\Psi\lambda)^{\frac{t-p+m-2}{2}}}{R^{\frac{2+m-p+t}{2}}}\cdot\left(\frac{K}{\pi BC}\right)^{\frac{m+t}{p}-1}\cdot\frac{\left(\frac{m+t}{2}\right)!}{\left(1+\frac{p}{2}\right)}\cdot\frac{W}{CB} \quad (6-18)$$

式中　　n——接触齿面单位长度上的微凸体数；

　　　　Ψ——微凸体高度分布的标准差；

　　　　W——垂直载荷。

霍林进一步证明式（6-18）可以演化为下面的形式，即

$$\frac{V}{S}=C_2\frac{W}{H} \quad (6-19)$$

式中　　C_2——磨损常数。

Halling 模型的假设很多，虽然有局限性，但清楚地说明了磨损机理。式（6-19）与实际情况相符，与 Holm 定律的形式完全相同，但 C_2 与 C_1 的含义是不同的，代表了不同的磨损机理。圆弧齿轮跑合磨损的塑性指数 ϕ 较小，油膜比厚 λ 较大，用 Halling 模型解释显然更为确切。在稳定的条件下根据式（6-19）可知，圆弧齿轮的齿面磨损速率（单位时间内的磨损量）应该与齿面硬度成反比，硬齿面的硬度是调质处理软齿面硬度的 2～3 倍，并且硬化表面的其他化学物质的物理化学性能也使磨损常数 C_2 减小，因此得出：载荷一定时，在稳定条件下硬齿面的磨损速率要显著低于软齿面。

圆弧齿轮的实际磨损与公式的理想状态有较大差别，跑合期间齿面的磨损条件是不稳定的，油膜厚度及其他因素在不断地变化，这时式（6-19）写作

$$\frac{\mathrm{d}V}{\mathrm{d}S}=\bar{C}_2\frac{W}{H} \quad (6-20)$$

其中 $\bar{C}_2$ 是变量，而一段时间内的磨损量可以表示为积分形式，即

$$V = \frac{W}{H} \cdot \int_{S_1}^{S_2} \bar{C}_2 \mathrm{d}S \qquad （6-21）$$

这样齿面磨损速率将不是简单地与 H 成反比，而是与 C_2 的变化趋势有很大关系。前面已经说明，圆弧齿轮的跑合磨损速率曲线是指数衰减曲线，硬度与其他齿面化学物理性质将共同影响曲线起始点的位置（初始跑合磨损速率），齿面越硬，曲线起始点越低，而曲线起始点低将造成油膜变化的滞后，因而曲线下降较慢。

3. 润滑磨损

以上研究均未考虑润滑条件对磨损方程的影响，日本学者曾田提出在润滑条件下的磨损方程式，即

$$\begin{cases} V_\tau = \dfrac{K_b x_b PL}{H} \\ x_b = \dfrac{1}{2} \cdot \dfrac{H}{P_m}\left[\left(1+\dfrac{a}{S}\cdot\dfrac{H}{P_m}\right) - \sqrt{\left(1+\dfrac{a}{S}\cdot\dfrac{H}{P_m}\right)^2 - \dfrac{4a}{S}}\right] \end{cases} \qquad （6-22）$$

式中　V_τ ——齿面磨损量；

　　　K_b ——边界润滑条件下的磨损系数；

　　　$x_b P$ ——混合润滑时无油膜分隔的部分表面所分担的载荷，其中 x_b 是混合润滑时无油膜分隔的表面载荷分数，P 是总载荷；

　　　L ——滑动距离；

　　　P_m ——名义压强，$S = \eta N / P_m$（η 为润滑油黏度，N 为滚动速度）；

a——常系数。

上式表明：当润滑不良且 S 很小时，x_b 趋近于 1，V_τ 与 H 成反比，这就是 Holm 定律；在润滑充分时，S 变得很大，V_τ 几乎不依赖于 H，这时可以导出

$$V_\tau = K_b \cdot \frac{a}{S} \cdot \frac{PL}{P_m} \qquad （6-23）$$

上式中不含 H，因此可以认为在不同的润滑条件下，磨损量并不是始终与 H 成反比，其关系随润滑条件而变化，表示为

$$V_\tau \propto H^{-n} \quad (0 \leqslant n \leqslant 1) \qquad （6-24）$$

曾田通过试验检验了不同的 S 值下 V_τ 与 H 的关系，认为以上结论对于润滑磨损是成立的。

4. 磨粒磨损

在圆弧齿轮的跑合磨损过程中，磨粒磨损机理也在起作用。一方面任何磨损产物都会起到磨粒的作用，另一方面齿面上较硬的微凸体也会在对方齿面上划出微细沟痕。在磨粒磨损中，齿面硬度与磨粒硬度的比值被称为相对硬度 K_T，即

$$K_T = \frac{齿面硬度}{磨粒硬度}$$

理查森（Richadson）认为：当 $K_T > 0.5$ 时，材料的耐磨粒磨损性能才能随 K_T 的值提高而逐渐改善。对于圆弧齿廓的跑合磨损，当两个接触齿面硬度相近时，磨粒磨损机理的作用并不明显。对于软-硬齿面啮合，由于双方的硬度差很大，硬齿面上的微凸体将轻易地在软齿面上犁沟，磨粒磨损机理的作用会显著上升。这种情况下软齿面的

跑合磨损速率较大，但硬齿面的跑合磨损速率要小得多。

6.1.3 跑合性能

工业应用试验证明：高硬度圆弧齿轮具有良好的跑合性能，圆弧齿轮的齿面在跑合期磨损较快，这是相对于稳定工作期而言的。圆弧齿轮同样存在跑合期软齿面和硬齿面的磨损差别，这种差别对跑合性能会产生影响。

从前文分析可知：不同齿面的圆弧齿轮的跑合磨损速率即使初始阶段有很大差别，随着跑合的进展，其磨损也会相互接近；硬化的圆弧齿面总是工作在较高的载荷条件下，根据 Halling 定律，齿面磨损速率与载荷成正比。因此，软硬齿面的齿面跑合磨损速率曲线差异比稳定条件下磨损试验的要小得多，但是其差异仍然会对跑合产生一定的影响，以下进行具体分析。

从实用的角度出发，衡量圆弧齿轮跑合效果的指标应以齿高方向齿面接触区的高度为准。随着跑合的进展，圆弧齿面上的接触区在高度方向逐渐扩展，达到一定程度后，圆弧齿轮就能够在满载条件下安全运转，这是圆弧齿轮跑合的第一阶段。这一阶段跑合的时间长短，对于工业应用十分重要。在完成第一阶段跑合后圆弧齿轮要继续跑合，并继续改善齿面接触区，但这一阶段齿面接触区的状态变化相对缓慢。

将圆弧齿轮齿面在跑合期的齿面接触区设定为椭圆，可以用椭圆在齿高方向的半轴长 a 和跑合时间 t 的关系来说明跑合性能。由于无法得出 $a-t$ 的解析关系，只能通过数值方法求出 $a-t$ 关系曲线，为此需要两条基本曲线：$a-\delta$ 曲线和 $\delta-t$ 曲线，其中 δ 是圆弧齿面上名义啮合点的法向磨损量。$\delta-t$ 曲线应该与前面提到的 Halling 磨损定律曲线有相同的形状。容易证明：在齿面上名义啮合点的一个面积确定的微小邻域上，齿面的体积磨损量 V 与法向磨损量 δ 成正比，而滑动距离 S 总是与时间 t 成正比。根据 Halling 定律曲线形状，可以近似得出

$$\frac{\mathrm{d}S}{\mathrm{d}t} = \frac{q}{H} \cdot ae^{-\beta t} \qquad (6-25)$$

式中　q——名义接触应力，在分级加载的跑合过程中，q 的变化不大，这里近似把 q 看作常量；

　　　a——初始跑合磨损常数；

　　　β——跑合磨损时间常数。

积分可得

$$\delta = \frac{q}{H} \cdot \frac{a}{\beta}(1 - e^{-\beta t}) \qquad (6-26)$$

式（6-25）、（6-26）中常数 a、β 取决于多种因素，尚无法准确计算，只能通过试验方法得到。

对于跑合后齿面接触区的要求没有很严格的标准，根据圆弧圆柱齿轮的工业应用，一般认为在跑合后齿面接触区高度达到齿高的一半即可满载使用。

从以上分析可以看出，分级加载跑合工艺对于硬齿面圆弧齿轮是适用的，除了特殊情况外（齿面材料磨损率极低，齿轮模数较大），不必为其跑合作特殊安排。采用硬齿面工艺对跑合的影响还是客观存在的，这种影响随着齿面材料磨损率的降低和齿轮模数的增加而增大。假设齿轮的初始接触带在齿高方向的正中，若各种误差的初始接触位置不正确，软齿面圆弧齿轮则难以跑合。如果硬齿面圆弧齿轮产

生齿根或齿顶接触，跑合的难度更大，因此严格要求硬齿面圆弧齿轮的精度，或采用专用跑合剂代替润滑剂进行跑合是非常必要的。

圆弧齿轮跑合后的齿面状况也很重要。采用硬齿面可以提高跑合质量，跑合后的齿面比软齿面更光滑，这可以认为是磨屑尺寸带来的效应。Rabinowicz 提出如下关于磨屑尺寸的关系式，即

$$d \geqslant 60\ 000(W/H) \tag{6-27}$$

式中　d——成为磨屑脱落的微凸体临界直径；

　　　W——黏着功。

硬齿面齿轮的 W/H 值较小，因此生成较小的磨屑，跑合后的齿面更为光滑，这个推论已为工业应用试验所证实。

6.2　圆弧齿轮跑合的数学模型

6.2.1　齿面的相对滑动速度

圆弧齿轮齿面的相对滑动速度为

$$v_C = L(\omega_1 + \omega_2) \tag{6-28}$$

式中　L——啮合点相对于瞬时旋转轴的偏移量；

　　　ω_1、ω_2——齿轮角速度。

对于双圆弧弧齿锥齿轮这种具有法向齿廓的齿轮，其齿高方向的不同位置，L 和 v_C 不同，于是有

$$L = r\sqrt{1 - \cos\alpha\sin\beta} \tag{6-29}$$

把 L 代入式（6-28），得

$$v_C = (\omega_1 + \omega_2)r\sqrt{1 - \cos\alpha\sin\beta} \tag{6-30}$$

式中　α——法向齿廓压力角；

β——轮齿在节圆上的螺旋角；

r——法向齿廓圆弧半径。

要更确切地了解齿面的相对滑动情况，应该求得滑动系数，滑动系数满足：

$$\begin{cases} \eta_{21} = \dfrac{\mathrm{d}s_1 - \mathrm{d}s_2}{\mathrm{d}s_1} \\[2mm] \eta_{12} = \dfrac{\mathrm{d}s_2 - \mathrm{d}s_1}{\mathrm{d}s_2} \end{cases} \qquad (6-31)$$

式中　$\mathrm{d}s_1$、$\mathrm{d}s_2$——接触点对在各自接触迹线上移动的微小弧长。

由式（6-31）可得：

$$\begin{cases} \eta_{21} = \dfrac{v_{j1} - v_{j2}}{v_{j1}} \\[2mm] \eta_{12} = \dfrac{v_{j2} - v_{j1}}{v_{j2}} \end{cases} \qquad (6-32)$$

式中　v_{j1}、v_{j2}——接触点沿各自接触迹线运动的线速度；

η_{21}——大齿轮的滑动系数；

η_{12}——小齿轮的滑动系数。

在图 6-2 中，v_C 是接触点沿啮合线 JJ_o 移动的速度，v_{B1}、v_{B2} 是接触迹线的圆周速度，β_{B1}、β_{B2} 是接触迹线的螺旋角，R_{B1}、R_{B2} 是接触迹线的回转半径，可以得到

$$\begin{cases} v_{j1} = \sqrt{v_o^2 + v_{B1}^2} = \dfrac{\omega_1 R_{B1}}{\sin \beta_{B1}} \\[2mm] v_{j2} = \sqrt{v_o^2 + v_{B2}^2} = \dfrac{\omega_2 R_{B2}}{\sin \beta_{B2}} \end{cases} \qquad (6-33)$$

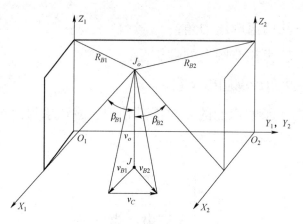

图 6-2　齿面相对运动示意

由于

$$\begin{cases} \tan\beta_{B1} = \tan\beta\dfrac{R_{B1}}{R_1} \\[3mm] \tan\beta_{B2} = \tan\beta\dfrac{R_{B2}}{R_2} \end{cases}$$ （6-34）

式中　R_1、R_2——齿轮节圆半径；

　　　β——螺旋角。

可得

$$\begin{cases} v_{j1} = \omega_1 R_1\sqrt{\cot^2\beta + \sin\alpha\left(1 - \dfrac{r}{R_1}\right)^2} \\[5mm] v_{j2} = \omega_2 R_2\sqrt{\cot^2\beta - \sin\alpha\left(1 - \dfrac{r}{R_2}\right)^2} \end{cases}$$ （6-35）

另外，$v_C = v_{j1} - v_{j2}$，于是有

$$\begin{cases} \cos(v_{j1}, v_C) = \dfrac{v_{j1}^2 + v_C^2 - v_{j2}^2}{2v_{j1}v_C} \\[5mm] \cos(v_{j2}, v_C) = \dfrac{v_{j2}^2 + v_C^2 - v_{j1}^2}{2v_{j2}v_C} \end{cases}$$ （6-36）

最后得

$$
\begin{cases}
\eta_{21} = \dfrac{v_C}{v_{j1}} = \dfrac{v_{j1}^2 + v_C^2 - v_{j2}^2}{2v_{j1}^2} \\[3mm]
\eta_{12} = \dfrac{v_C}{v_{j2}} = \dfrac{v_{j2}^2 + v_C^2 - v_{j1}^2}{2v_{j2}^2}
\end{cases}
\tag{6-37}
$$

将式（6-35）和式（6-36）的计算结果代入式（6-37）即可得到 η_{21} 和 η_{12} 的数值。

由以上公式推导可知，随着齿廓压力角增加，滑动系数增加，但变化不大。与渐开线齿轮相比，圆弧齿轮的滑动系数数值很小，并且比较均匀。凸凹齿面上啮合点的滑动系数不一致，但差异不大，在齿面材料性能相同时，可以近似地认为凸凹齿面的磨损是对称的。

6.2.2　齿面载荷分布

圆弧齿轮的初始接触是名义点接触，在跑合过程中也是如此，按照赫兹（Hertz）的弹性接触理论，这时的齿面接触区是一个以名义啮合点为中心的椭圆。试验表明，当载荷不大时，圆弧齿轮的齿面接触区确实如此，重载时呈贝壳状的非对称形式，仍可用椭圆来近似表示，齿面接触区上的压力分布可以用一个盖在椭圆上的半椭球面来表示，椭圆及半椭球面的参数与两个齿面在名义啮合点的主曲率有关。

以 r_a、r_f、r_a^o、r_f^o 分别表示凸凹齿面在名义啮合点的主曲率半径，引入记号 A、B，则

$$
A + B = \frac{1}{2}\left(\frac{1}{r_a} + \frac{1}{r_f} + \frac{1}{r_a^o} + \frac{1}{r_f^o} \right)
\tag{6-38}
$$

$$B - A = \frac{1}{2} \left[\left(\frac{1}{r_a} - \frac{1}{r_a^o} \right)^2 + \left(\frac{1}{r_f} - \frac{1}{r_f^o} \right)^2 + 2 \left(\frac{1}{r_a} - \frac{1}{r_a^o} \right) \left(\frac{1}{r_f} - \frac{1}{r_f^o} \right) \cos 2\varphi \right]^{\frac{1}{2}}$$

$$(6-39)$$

式中 φ ——曲率为 $\frac{1}{r_a}$ 和 $\frac{1}{r_f}$ 的两个主方向的夹角。

对于双圆弧弧齿锥齿轮，r_a 和 r_f 分别是凸齿和凹齿的法向齿廓圆弧半径。由于 φ 很小，在名义啮合点处 $\cos 2\varphi \approx 1$，因此化简得

$$B - A = \frac{1}{2} \left| \frac{1}{r_a} + \frac{1}{r_f} - \frac{1}{r_a^o} - \frac{1}{r_f^o} \right| \qquad (6-40)$$

椭圆的半轴长 a、b 计算如下，即

$$a = m \sqrt[3]{\frac{3\pi}{4} \cdot \frac{P(K_1 + K_2)}{(A + B)}} \qquad (6-41)$$

$$b = n \sqrt[3]{\frac{3\pi}{4} \cdot \frac{P(K_1 + K_2)}{(A + B)}} \qquad (6-42)$$

式（6-41）、（6-42）中，P 为齿面上的法向载荷；$K_1 = \frac{1 - V_1^2}{\pi E_1}$，$K_2 = \frac{1 - V_2^2}{\pi E_2}$，其中 E_1、E_2 是弹性模量，V_1、V_2 是泊松比；m、n 的表达式为

$$m = 1 - e^2 \left[\frac{2E(e)}{\pi(1 - e^2)} \right]^{\frac{1}{3}}$$

$$n = \left[\frac{2E(e)}{\pi(1 - e^2)} \right]^{\frac{1}{3}}$$

式中 m ——接触椭圆长轴的系数；

n——接触椭圆短轴的系数。

椭圆率 e 由式（6-43）决定，即

$$\frac{B-A}{A+B}=\frac{2(1-e^2)}{e^2}\cdot\left[\frac{K(e)-E(e)}{E(e)}-1\right] \qquad （6-43）$$

其中

$$K(e)=\int_0^{\frac{\pi}{2}}\frac{1}{\sqrt{1-e^2\sin^2\varphi}}\mathrm{d}\varphi$$

$$E(e)=\int_0^{\frac{\pi}{2}}\sqrt{1-e^2\sin^2\varphi}\,\mathrm{d}\varphi$$

所以 m、n 可以通过数值方法求解。

6.2.3　跑合数学模型

跑合是与磨损相联系的，齿面上压力分布不均匀或滑动情况不均匀，造成有关各点磨损不均匀，引起齿面曲率变化，这就是跑合的本质。圆弧齿轮的齿面上滑动情况比较均匀，可以只考虑载荷分布。跑合引起磨损，而跑合的结果又表现为齿面曲率变化，这就需要选择一个能代表齿面磨损的几何量，找出与齿面上对应点的主曲率半径 r 的函数关系，从几何角度得到跑合的数学模型。

在跑合的过程中，双圆弧弧齿锥齿轮齿面在两个主方向上的磨损情况不同，按照双圆弧弧齿锥齿轮的啮合特点可知：齿面接触区在啮合中沿接触迹线方向不断移动，同一接触迹线上的各点受载情况和磨损情况相同，而同一法向齿廓圆弧的受载情况磨损不同。可以认为：双圆弧弧齿锥齿轮的齿面经过跑合沿接触迹线方向的主曲率始终不变，这就使情况大为简化，只要比较同一齿廓线上的各点即可。

如图 6-3 所示，建立坐标系，以过名义啮合点的法向齿廓圆弧的圆心为坐标原点，过名义啮合点的齿面法线方向为 z 轴，齿面在这一点的两个主方向分别为 x 轴和 y 轴，可以近似地认为 x 轴和 y 轴方向就是椭圆的长轴和短轴方向。由于凸凹齿的情况是对称的，以下只介绍凸齿情况。

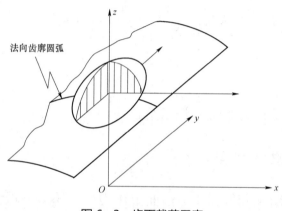

法向齿廓圆弧

图 6-3　齿面载荷示意

从初始接触开始讨论，这时的初始齿廓圆弧半径为 r_0，椭圆的半径为 a_0、b_0，位于齿面接触区中心的最大分布压力为 q_{m_0}，经过第一次跑合，齿面在 z 轴方向将产生微量磨损。根据前文分析可知，齿面上沿接触迹线方向各点的磨损相同，齿面上各点的磨损可以看作与 y 轴方向无关，由于磨损量微小，可以使用微分符号记为 $\mathrm{d}z_1(x)$。

根据磨损理论，磨损量与总载荷、滑动距离成正比，由于圆弧齿轮齿面上的滑动比较均匀，可以认为各点产生磨损的有效滑动距离是这一点参与接触的距离，与椭圆扫过齿面时这一点所处的位置有关，因此有

$$\mathrm{d}z_1(x) = C\int_{y_1}^{y_2} q(x,y)\mathrm{d}y \qquad (6-44)$$

式中 C ——磨损比例常数；

$q(x,y)$ ——载荷分布函数。

由此可得

$$\mathrm{d}z_1(x) = \frac{\pi}{2}Cb_0 q_{m_0}\left(1 - \frac{x^2}{a_0^2}\right) \qquad (|x| \leqslant a_0) \qquad （6-45）$$

在 Oxz 平面内，可以得到磨损后的齿廓曲线为

$$z_1(x) = z_0(x) - \mathrm{d}z_1(x)$$

$$= r_0^2 - x^2 - \frac{\pi}{2}Cb_0 q_{m_0}\left(1 - \frac{x^2}{a_0^2}\right) \qquad (|x| \leqslant a_0) \qquad （6-46）$$

求得曲线上各点的曲率为

$$k_1(x) = \left| \frac{z_1''(x)}{[1 + z_1'(x)]^{\frac{3}{2}}} \right| \qquad （6-47）$$

相应的曲率半径为

$$r_1(x) = \frac{1}{k_1(x)} \qquad （6-48）$$

在 Hertz 的弹性接触理论中起作用的是名义啮合点的曲率半径，其表达式为

$$r_1(0) = \frac{a_0^2 r_0}{a_0^2 - \pi C b_0 q_{m_0} r_0} \qquad （6-49）$$

初始齿廓圆弧半径为 r_0，因此有

$$\mathrm{d}r_1(0) = r_1(0) - r_0(0) = \frac{\pi C b_0 q_{m_0} r_0^2}{a_0^2 - \pi C b_0 q_{m_0} r_0} \qquad （6-50）$$

由式（6-45）可知

$$dz_1(0) = \frac{\pi}{2} Cb_0 q_{m_0} \qquad (6-51)$$

所以

$$\left.\frac{dz_1}{dr_1}\right|_{x=0} = \frac{a_0^2}{2r_0^2} - \frac{\pi Cb_0 q_{m_0}}{2r_0} \qquad (6-52)$$

由于上式第二项的分子与分母相比极小，可以舍去，得

$$\left.\frac{dz_1}{dr_1}\right|_{x=0} = \frac{a_0^2}{2r_0^2} \qquad (6-53)$$

跑合磨损后的齿廓曲线不再是标准的圆弧，但可以用该曲线在名义啮合点的曲率圆弧来近似表示，由于讨论的是小区域内的微量变化，因此这种近似是合理的。将坐标系沿 z 轴方向平移，使坐标原点落在新的齿廓曲率中心上，第二次啮合后就可以完全重复以上的推导，得到

$$\left.\frac{dz_2}{dr_2}\right|_{x=0} = \frac{a_1^2}{2r_1^2} \qquad (6-54)$$

重复这样的推导过程，将表达式中的各个量用变量形式表示，并用与坐标系无关的 $d\delta$ 代替 dz ，得到适合于跑合过程的导数，即

$$w = \frac{d\delta}{dr} = \frac{a^2}{2r^2} \qquad (6-55)$$

定义几何跑合磨损率的倒数为几何跑合速率，对其积分得到 δ ，其意义为齿廓圆弧在名义啮合点沿曲率半径方向（法向）的磨损量。这个量不可以直接测量，但可以建立与齿厚、公法线长度等可测量量的关系。

$\dfrac{\mathrm{d}r}{\mathrm{d}\delta}$为几何跑合速率，表示从单位磨损量角度来衡量的齿廓圆弧半径变化的快慢程度，即从几何角度来衡量的跑合快慢程度，有

$$\frac{\mathrm{d}r}{\mathrm{d}\delta} = \frac{2r^2}{a^2} \qquad (6-56)$$

它表示整个跑合过程是不均衡的：初期 a 较小，几何跑合速率大，但随着 a 的增大，几何跑合速率变小。这是对圆弧齿轮跑合特点的量化表示。

通过数值积分可以得到 δ 与 r 的关系，确定凸凹齿面的磨损比。在两个齿面材质、热处理情况一致时，可以近似地认为凸凹齿面的磨损比为 i_{af}，即两个齿面的磨损量与啮合次数成正比。如果两个齿面硬度及金相组织有显著差别，应通过磨损试验确定它们的磨损比，记为 μ。

在跑合过程中 r 的变化很小，而 a 的变化很大，可以近似地认为对于凸齿面和凹齿面在同一时刻 $\dfrac{\mathrm{d}r}{\mathrm{d}\delta}$ 是相等的，可得

$$r_f = \frac{1}{\mu}(r_a^o + \mu r_f^o - r_a) \qquad (6-57)$$

根据法面圆弧齿面的主曲率公式，凸齿面和凹齿面沿接触迹线方向的主曲率为

$$\begin{cases} \dfrac{1}{r_a'} = \dfrac{\sin\alpha \sin^2\beta}{R_1 + r_a \sin\alpha \sin^2\beta} \\[3mm] \dfrac{1}{r_f'} = \dfrac{\sin\alpha \sin^2\beta}{R_2 - r_f \sin\alpha \sin^2\beta} \end{cases} \qquad (6-58)$$

略去分母中的高阶项得

$$\frac{1}{r'_a}+\frac{1}{r'_f}=\frac{(1+i_{af})\sin\alpha\sin^2\beta}{R_1 i_{af}} \qquad (6-59)$$

式中　i_{af}——凸凹齿面的磨损比；

R_1——凸齿面的节圆半径；

α——压力角；

β——螺旋角。

由式（6-38）和（6-39）可得

$$\begin{cases} A+B=\dfrac{1}{r_a}-\dfrac{\mu}{r_{ao}+\mu r_{fo}-r_a}+\dfrac{(1+i_{af})\sin\alpha\sin^2\beta}{R_1 i_{af}} \\[4mm] B-A=\dfrac{1}{r_a}-\dfrac{\mu}{r_{ao}+\mu r_{fo}-r_a}-\dfrac{(1+i_{af})\sin\alpha\sin^2\beta}{R_1 i_{af}} \end{cases}$$

$$(6-60)$$

可以记为

$$\begin{cases} A+B=\dfrac{(A+B)^*}{m_n} \\[4mm] B-A=\dfrac{(B-A)^*}{m_n} \end{cases} \qquad (6-61)$$

令 $\dfrac{B-A}{A+B}=\cos\theta$，对于一对钢制齿轮，$k_1+k_2=0.000\,027\,6$，根据

式（6-41）得 $a=0.040\,2m\left[\dfrac{Pm_n}{(A+B)^*}\right]^{\frac{1}{3}}$。由 a 的数值结果，即得到 $\dfrac{\mathrm{d}\delta}{\mathrm{d}r}$

的结果。

通过以上结论进行计算可得，当 $m_n=4$ 时，圆弧齿廓只需要产生 $\delta=0.006$ mm 的法向磨损即可达到沿齿高接触的跑合效果，这样的跑合磨损量与圆弧齿轮的实际跑合效果是相符合的。圆弧齿轮的优良跑

合性能正在于此：通过在正常条件下容易实现的很小齿面磨损量就能达到使齿面贴合的跑合效果，发挥预想的承载能力。

分析齿轮参数对于跑合效果的影响，可以假定其余参数及载荷不变。齿轮模数增大使几何跑合速率 $\dfrac{\mathrm{d}r}{\mathrm{d}\delta}$ 增大，但因为随着模数的增大，齿高、齿廓半径差将相应增大，要使齿面接触区扩展更加困难，所以齿轮模数越大，跑合时间越长。

μ 值较小时有利于跑合。在材料和热处理条件相同时，一对齿轮的传动比 i_{af} 越大，跑合时间越长，但在两个接触齿面硬度相差悬殊的条件下，传动比小的齿轮反而有助于跑合。增大螺旋角 μ，将使 $(A+B)^{*}\dfrac{\mathrm{d}r}{\mathrm{d}\delta}$ 略微增大，有加快跑合的趋势，但影响不显著。

一个合理的跑合数学模型不仅有益于认识跑合过程，还可能有益于认识圆弧齿轮的强度问题和润滑问题，因此有必要进行更为深入的研究。

6.3 跑合方法研究

跑合是提高双圆弧弧齿锥齿轮承载能力的关键，跑合过程是受多种因素影响的复杂过程。本节从摩擦磨损润滑理论出发，通过建立齿面磨损量与接触点主曲率半径之间的关系建立跑合的数学模型。基于前文对跑合影响因素的理论分析，针对双圆弧弧齿锥齿轮的跑合方法进行研究。

6.3.1 工作齿面的形成过程

双圆弧弧齿锥齿轮的双圆弧齿廓是根据容差理念进行设计的,即是针对不可避免的误差进行设计的,这包括齿轮加工误差、装配误差、受载变形。双圆弧弧齿锥齿轮的自适应跑合过程按空间共轭齿面方向发展,这样有助于进一步提高双圆弧弧齿锥齿轮的啮合质量。

双圆弧弧齿锥齿轮在跑合初期以黏着磨损为主要的磨损形式,在跑合初期表面粗糙的凸峰较高,实际的膜厚比很小,当两个锥齿轮啮合时,发生凸峰"刺破"油膜而产生黏着结点。随着新旧黏着结点的形成、破坏而发生早期的黏着磨损,这些黏着磨损将齿面上突出的微凸体磨掉,使表面粗糙度得以改善,接触面积增加,从而显著提高承载能力,这即是双圆弧弧齿锥齿轮的工作齿面形成过程。

跑合对于硬齿面双圆弧弧齿锥齿轮的工作齿面形成有着重要意义,当其塑性变形达到某一阈值后,其齿面金属微观结构发生变化,形成与啮合对应的最佳形貌和最佳梯度的变质硬度层,大幅度地改善齿面的力学性能。

6.3.2 跑合方法

双圆弧弧齿锥齿轮的磨齿成本高,采用跑合来增大齿面接触区以改善啮合质量的方法比较有意义。双圆弧弧齿锥齿轮有其独特的跑合方法,其跑合是一种人为控制的加速齿面磨损的过程。

在不同的润滑条件下,齿面磨损的程度不同,磨损速率相差几个数量级。在跑合不发生胶合的情况下,不允许齿面形成全膜润滑,这样可以加速跑合磨损,这种齿面润滑状态一般称为乏油

（Starved-oil）。此处的乏油指对油膜形成不利的状态，但要保证有润滑油可以完成齿面的冲洗与冷却；根据油膜厚度公式可知，为了使齿面不形成全膜润滑，需要齿轮副在低转速（Low-speed）下运行。由前文分析可知，若啮合齿轮保持在非全膜润滑状态，则因表面粗糙度，齿面的真实接触只在少数微凸体之间存在，即使承受较低的载荷，微凸体的局部应力也很高，相对滑动时黏着结点在切向力的作用下被破坏，同时随着黏着磨损将齿面上微凸体磨掉，最终形成稳定的润滑油膜状态完成跑合。从中可以看出，跑合实际依靠重载（Hard-load）不断破坏齿面上的微凸体，开始时由于微凸体数量少、高度大，只需要很轻的载荷即可形成很大的局部应力。随着跑合磨损的进行，齿面接触区不断增大，必须分级增大载荷，保持重载状态，才能达到跑合要求的高局部应力。

　　为防止双圆弧弧齿锥齿轮的齿面发生接触疲劳破坏和胶合，跑合时必须分级加载。为了加速跑合，应缩短双圆弧弧齿锥齿轮副的空载跑合时间。在空载运行时，齿面载荷小，易形成弹流油膜，磨损较少，一般在空载下运行 0.5～1 h 即可，跑合加载应分为 5 挡，即空载，额定载荷的 25%、50%、75%、100%、125%，其中在 25%和 75%载荷下的跑合时间应占总跑合时间的一半。

　　双圆弧弧齿锥齿轮乏油（Starved-oil）、低速（Low-speed）、重载（Hard-load）跑合方法，简称为 SLH 跑合方法。

6.3.3　跑合要求

　　双圆弧弧齿锥齿轮是点啮合局部共轭齿轮，齿面接触区的大小、形状和位置是衡量其啮合质量的重要指标。齿面接触区沿平行节线方向有必要的接触长度，位置在齿宽的中部略靠近小端，接触区在凸凹齿面高度的中间，并保证齿顶和齿根不参与啮合。这样双圆弧弧齿锥齿轮才能在啮合时运转平稳、噪声低、使用寿命长，齿轮受载后齿面接触区将向大端偏移，仍保持在齿面中间，保证正常运转。

综合圆弧圆柱齿轮和锥齿轮的跑合特性，得到双圆弧弧齿锥齿轮的跑合要求如下：

（1）齿面的上下凸凹齿廓均有齿面接触区；

（2）齿面接触区中间没有间断；齿面接触区齿宽方向的位置应在齿宽中部略靠近小端，齿面接触区的长度应为齿宽的 $\frac{1}{2} \sim \frac{2}{3}$，占齿高方向的一半以上；

（3）齿顶与齿根不接触。

6.4　润滑状态与安装位置对跑合的影响

本节对所加工的齿轮副试件进行跑合试验研究（在锥齿轮滚动试验机上进行跑合试验可以避免胶合，方便随时观察齿面接触区形貌），并在单级传动双圆弧弧齿锥齿轮减速器齿轮箱中进行跑合试验。

6.4.1　边界润滑与跑合

当两个作相对运动的表面互相作用时，必然会发生摩擦磨损。摩擦磨损一般被认为是有害现象，但对于双圆弧弧齿锥齿轮的跑合来说其实不然。磨损中的黏着磨损和磨粒磨损机理是建立在固体直接接触的基础上的，它们所产生的磨损形式一开始就具有扩展性。如果两个表面能被润滑膜隔开并且不含磨粒，则这些磨损机理不起作用，跑合无法进行，所以双圆弧弧齿锥齿轮的跑合在乏油状态下进行。

当两个滑动表面处于非全膜润滑状态，可以通过微凸体实现接触，就会发生黏着磨损和磨粒磨损，加速齿面微凸体的磨损即可缩短跑合过程。

SLH 跑合方法从加速跑合的角度提出在边界润滑条件下进行跑合。边界润滑指在两个接触齿面之间存在油膜，但其厚度不足以防止微凸体穿过油膜而发生接触。硬齿面双圆弧弧齿锥齿轮副可以采用特制的研磨跑合油性剂（含有不同粒度和数量的金刚砂）进行快速跑合。为研究边界润滑条件下的跑合是否可行，可分别在锥齿轮滚动试验机和齿轮箱上进行跑合试验。

摩擦和磨损反映了表面状态，摩擦表面的覆盖膜对表面性能具有决定性作用。大多数金属都覆盖了一层氧化膜，即在切削处理 5 min 后会形成一层具有 $2 \sim 20$ 分子层的氧化膜。通常情况下，当覆盖微凸体的氧化膜被擦去时，洁净的金属表面几乎立即被单一分子层覆盖。凡是研究有关金属在大气条件下摩擦的问题，都必须考虑这种现象。在载荷很小的情况下，氧化膜可以防止金属的相互接触形成一定的润滑。虽然不考虑氧化膜对表面性能的影响，但氧化膜理论为跑合试验提供了理论依据。为了模拟边界润滑条件，将红丹粉与机油混合作为齿面润滑涂层在锥齿轮滚动试验机上进行跑合试验，如图 6-4 所示。

图6-4　锥齿轮滚动试验机跑合试验

　　双圆弧弧齿锥齿轮是软齿面齿轮，在锥齿轮滚动试验机进行的跑合试验中，边界润滑条件下的跑合效果明显。跑合 15 min 后，在同一载荷条件下跑合前后的齿面接触印迹在齿宽与齿高方向发生明显变化，如图 6-5 所示。

(a)　　　　　　　　　　　　　　　　(b)

图6-5　跑合前后的齿面接触印迹对比
（a）跑合前；（b）跑合后

　　将双圆弧弧齿锥齿轮装入减速器齿轮箱内，其安装距与锥齿轮滚动试验机上的安装距数值保持一致，并采用与锥齿轮滚动试验机上相同的边界润滑条件进行试验,且选用红丹粉测试齿面接触印迹。

在图 6-6 中可以看出,跑合前的齿面接触区很小,在减速器齿轮箱中加载跑合后其齿面接触区的形貌与位置达到了双圆弧弧齿锥齿轮的齿面跑合要求,且齿面接触区的精度明显提高,如图 6-7 所示。

图 6-6　跑合前的齿面接触区　　　　图 6-7　跑合后的齿面接触区

从锥齿轮滚动试验机和齿轮箱的跑合试验可以得到以下结论:双圆弧弧齿锥齿轮具有优越的跑合性能,初期跑合磨损速率很快,以后逐渐降低,充分跑合的时间比较短,可以很快跑合出理想的齿面接触区;低速运转下的边界润滑条件可以加速跑合过程。双圆弧弧齿锥齿轮充分跑合之后,齿面接触区呈香蕉状。

6.4.2　安装位置与跑合

圆弧齿廓啮合的特点决定了圆弧齿轮对中心距相对比较敏感,具体到双圆弧弧齿锥齿轮即是对安装距的误差要求较高。虽然分阶式双圆弧齿廓的容差设计对安装距的误差敏感性有一定的改善,但跑合一定要在正确的安装距下进行,若安装距不正确,则会使跑合时间延长甚至无法跑合。安装距不正确的跑合效果如图 6-8 所示,由图可知,安装距不正确的双圆弧弧齿锥齿轮长时间跑合后的双圆弧齿廓只有一段圆弧有齿面接触印迹。由此得出结论，若安装位置不正确则难以跑合出理想的齿面接触区，即使是软齿面双圆弧弧齿锥齿轮，也难以达到跑合要求。

图 6-8　安装距不正确的跑合效果

第 7 章

双圆弧弧齿锥齿轮的动态特性

　　本章利用单级传动双圆弧弧齿锥齿轮减速器搭建动态特性试验台，对双圆弧弧齿锥齿轮进行动态特性试验，对其振动、噪声信号进行测量，并与 Gleason 锥齿轮的相应信号进行对比，检验双圆弧弧齿锥齿轮减振降噪的有效性。

　　动态特性是指当被测量随时间迅速变化时，输出量与输入量之间的关系。若把待测量装置作为一个系统，则问题可以简化为输入量 $x(t)$、系统传输特性 $F(t)$ 和输出量 $y(t)$ 三者之间的关系。动态特性试验是现代测试技术的重要方面，它可以将系统表现与时间关联，经过傅里叶变换，可以与频率关联。本书测量的动态特性为减速器齿轮箱的振动和噪声信号。

7.1　试验系统

　　动态特性试验系统结构示意如图 7-1 所示，试验用到的主要仪器设备见表 7-1。将各仪器设备依照图 7-1 布置在试验台上，搭建动态特性试验台。

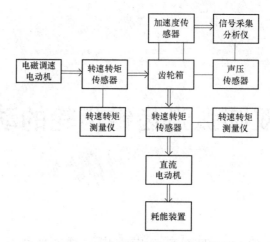

图 7-1　动态特性试验系统结构示意

表 7-1　试验用到的主要仪器设备

序号	仪器设备名称	规格型号	数量
1	电磁调速电动机	YC T250-4A	1
2	转速转矩测量仪	NC-3	2
3	转速转矩传感器	NJ-2、NC-3	1
4	直流电动机	Z-145	1
5	加速度传感器	TNC-J4	1
6	声压传感器	INV9206	1
7	信号采集分析仪	INV3020C	1
8	耗能装置	电阻装置	1

　　为了减小系统其他结构特别是电动机对齿轮箱内锥齿轮动态特性的影响，试验系统从原动机（电磁调速电动机）与加载电动机（直流电动机）之间所有连接均采用柔性联轴节，最大限度地降低由于连接处的不对中而产生的偏心载荷及冲击。试验采用功率为 16.4 kW 的电磁调速电动机提供动力，其调速范围为 0～1 400 r/min。

　　试验台运转时，锥齿轮副的轴向位置和减速器齿轮箱表面振动加速度响应由加速度传感器获取。试验时改变输入转速和载荷，可获得不同转速和载荷工况下减速器齿轮箱的动态响应。试验台控制系统如图 7-2 所示，数据采集系统如图 7-3 所示。

图 7-2　试验台控制系统

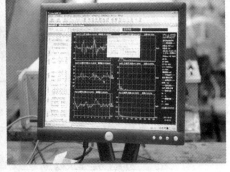

图 7-3　数据采集系统

试验将 Gleason 锥齿轮换为双圆弧弧齿锥齿轮，由于所加工的双圆弧弧齿锥齿轮的几何参数与原减速器齿轮箱中的 Gleason 锥齿轮不一致，因此仅将两种锥齿轮副在相同转速和载荷条件下的噪声进行对比，在两种锥齿轮副分别进行跑合之后，采用声压传感器分别测量其噪声，对比两种锥齿轮副典型转速时的噪声信号，如图 7-4 所示。

7.2　测点布置及信号采集

试验测量的动态特性参数为振动与噪声。加速度传感器布置在减速器齿轮箱上，上表面一个，轴向表面一个，由于需及时观察双圆弧弧齿锥齿轮的齿面接触区形貌，因此在原减速器齿轮箱上开了"天窗"，两种减速器齿轮箱上表面的加速度传感器布置略有不同，如图 7-5 所示。声压传感器布置于主动锥齿轮轴向 0.5 m 处。测量动态特性信号时需要电动机转速稳定，并根据数据采集系统的示波分析，检查是否存在加速度传感器安装不牢、采集线松动、接线处接触不良等问题。若一切正常则开始采集信号。

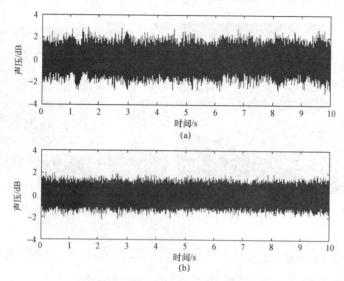

图 7-4　两种锥齿轮副典型转速时的噪声信号

（a）Gleason 锥齿轮的噪声；（b）双圆弧弧齿锥齿轮的噪声

本试验同时采集两个振动信号和一个噪声信号，采样频率设置为 102.4 kHz，每次采样时间为 10 s，数据采集结果如图 7-6 所示。

图 7-5　加速度传感器布置

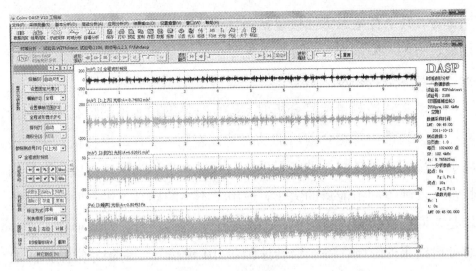

图 7-6　数据采集结果

7.3　跑合前后的振动

跑合对于双圆弧弧齿锥齿轮有着不可替代的作用,通过试验数据可分析跑合对其动态特性的影响。采用 MATLAB 软件编制动态特性分析程序。

目前,减速器齿轮箱的动态特性监测多用于故障的在线监测,很多新理论是从故障诊断领域延伸而来的。一般来说,齿轮信号处理分析有时域分析、频域分析(将时域信号转换到频域中进行分析)等。

时域分析的时域信号处理方法主要有时域波形观察法和时域数值计算法。时域波形观察法是最直观的方法,对于动态特性明显的故障可以做出直观和初步的判断;时域数值计算法是一种定性分析方法,由于这种方法对本试验所分析的齿面微量跑合磨损不敏感,因此只是在现场测量时使用。时域数值计算法的特征量根据有无量纲分为两部分，其中有量纲特征量包括最大值、最小值、均方值、方根幅值、均值、方差、偏斜度、峭度等，无量纲特征量包括峭度因数、波形因数、脉冲因数、裕度因数等。

在动态特性测量信号分析时，综合有量纲和无量纲特征量，对比双圆弧弧齿锥齿轮跑合前后的动态特性差别。在有量纲特征量中，振动加速度均方值是对振动能量的直接反映，也称为振动烈度；无量纲特征量反映了冲击能量的大小，适用于不同的场合下进行对比。试验均是在同一试验台上进行的，不需要无量纲特征量。为减小样本误差对分析结果的影响，每一级转速测量 10 组信号，剔除异常数据，取均值作为试验结果，跑合前后不同转速下空载齿轮箱的振动烈度对比如图 7-7 所示。

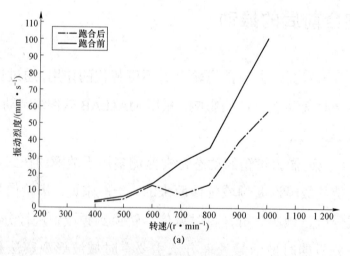

图 7-7　跑合前后不同转速下空载齿轮箱的振动烈度对比

（a）上表面振动烈度对比

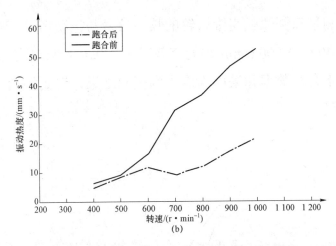

图 7-7 跑合前后不同转速下空载齿轮箱的振动烈度对比（续）

（b）轴向表面的振动烈度对比

7.4 跑合前后的噪声

本书采用声压传感器与加速度传感器同时测量，由于声压传感器的测量信号不采用分贝作为单位，需要利用 MATLAB 软件进行编程，将其转化为频域下的噪声进行对比分析，如图 7-8 所示。

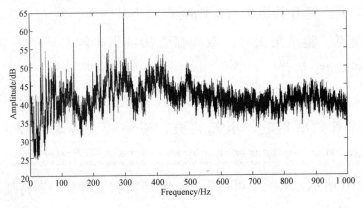

图 7-8 频域下的噪声

　　同步测量双圆弧弧齿锥齿轮的噪声信号与振动信号，对比跑合前后转速为 400～1 000 r/min 时的空载噪声，每一级转速测量 10 组数据，排除不合格数据并采用均值作为试验结果，得到如图 7-9 所示的对比结果。

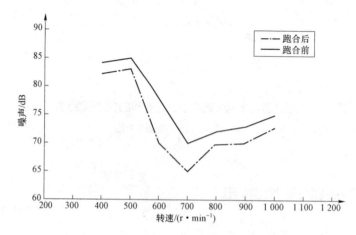

图 7-9　跑合前后不同转速下空载噪声对比

　　从噪声频谱分析中可以看出，噪声以啮合基频及其倍频为主，当转速为 500 r/min 时，双圆弧弧齿锥齿轮与系统产生共振，噪声增大；若转速增大，避开共振频率，则噪声减小。

　　从噪声试验结果来看，双圆弧弧齿锥齿轮跑合后的空载噪声比跑合前低 3 dB 左右。

　　从噪声试验结果分析中可以看出，在低转速时齿轮啮合频率与试验台的固有频率相近，引起共振，噪声较大。加载噪声分析从 1 000 r/min 开始。双圆弧弧齿锥齿轮在不同转速下随转矩变化的噪声如图 7-10 所示，从图中可以看出，噪声对转速敏感，当转速升高时，噪声上升很快。

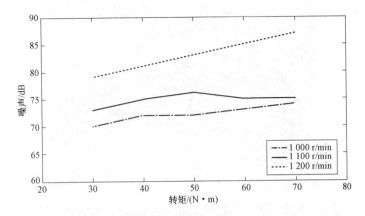

图 7-10　双圆弧弧齿锥齿轮在不同转速下随转矩变化的噪声

7.5　双圆弧弧齿锥齿轮的动态特性

试验所用的双圆弧弧齿锥齿轮几何参数无法与原减速器齿轮箱的 Gleason 锥齿轮完全一致，故不是严格意义上的对比试验，但本书在相同载荷、相同速度、同一减速器齿轮箱的条件下对比其动态特性，为双圆弧弧齿锥齿轮的改进设计提供可参考的试验数据。

原减速器齿轮箱的 Gleason 锥齿轮如图 7-11 所示，本试验的试验台安装调试过程均采用此齿轮箱进行，并在试验台搭建完成之后，进行 Gleason 锥齿轮的动态特性试验。

装入双圆弧弧齿锥齿轮的减速器齿轮箱上表面振动烈度相对于 Gleason 锥齿轮的动态特性试验发生了较大变化，两者的比较意义不大，而轴向表面的振动烈度对比可以真实地反映两者的动态特性（见表 7-2）。本节中与 Gleason 锥齿轮对比的双圆弧弧齿锥齿轮动态特性数据均为跑合后的试验数据。

图 7-11　原减速器齿轮箱的 Gleason 锥齿轮

表 7-2　转速 1 100 r/min 时两个锥齿轮的动态特性对比

转矩/ （N·m）	上表面振动烈度/ （mm·s⁻¹）		轴向表面振动烈度/ （mm·s⁻¹）		噪声/ dB	
齿轮	Gleason	FSH	Gleason	FSH	Gleason	FSH
30	68	102	127	54	72	73
40	83	147	138	84	74	75
50	90	181	202	111	76	76
60	115	317	322	187	76	75

注：表中 Gleason 表示 Gleason 锥齿轮，FSH 表示双圆弧弧齿锥齿轮。

　　从图 7-12 的减速器齿轮箱轴向表面振动烈度对比可以看出，双圆弧弧齿锥齿轮的振动烈度小于 Gleason 锥齿轮。转速 1 100 r/min 时锥齿轮的噪声对比如图 7-13 所示。

　　由图 7-13 可以看出，双圆弧弧齿锥齿轮跑合后，其噪声与 Gleason 锥齿轮的噪声并没有明显的差别。产生这种现象的主要原因是两种减速器齿轮箱的结构发生了变化，进行 Gleason 锥齿轮的动态特性试验时减速器齿轮箱完整，而进行双圆弧弧齿锥齿轮的动态特性试验时减速器齿轮箱上表面开了"天窗"，因此双圆弧弧齿锥齿轮运转时的噪声辐射更直接，其振动与噪声的对应规律不同于 Gleason 锥齿轮，呈现的试验结果为振动减小而噪声相差大。

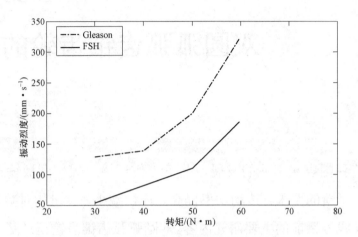

图 7-12　两个锥齿轮的减速器齿轮箱轴向表面振动烈度对比

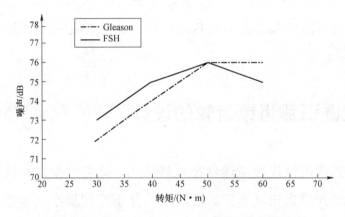

图 7-13　转速 1 100 r/min 时锥齿轮的噪声对比

第8章
双圆弧弧齿锥齿轮的应用

随着我国煤炭工业的发展，井下工作环境对煤矿刮板输送机用减速器提出了新的要求，传动功率提高、体积减小、重量相对减轻、使用寿命延长成为目前的主要研究内容。双圆弧弧齿锥齿轮正是基于这种背景下替代了原煤矿刮板输送机用减速器中的渐开线齿轮。

本章对双圆弧弧齿锥齿轮传动在煤矿刮板输送机用减速器的应用进行介绍。

8.1　双圆弧弧齿锥齿轮的设计

双圆弧弧齿锥齿轮减速器在承载能力、抗点蚀能力和抗弯能力等方面优于渐开线齿轮减速器。根据煤矿井下空间狭小，需要设备强度高、可靠性好、重量轻、体积小的特点，对标通用的 75 kW 渐开线齿轮减速器的性能指标，设计应用双圆弧弧齿锥齿轮的煤矿刮板输送机用减速器，以提高强度，延长使用寿命，减少噪声、体积和重量。具体设计要求如下：

（1）在满足现有 75 kW 渐开线齿轮减速器的性能要求基础上，减小体积和重量，提高减速器的强度、使用寿命和可靠性，并可实现整体通用、互换；

（2）各零部件根据国内加工条件，采用符合现有国家标准的标准件；

（3）减少噪声，使噪声小于 88 dB；

（4）提高效率，使传动效率大于 94%；

（5）传动比达到 24.437 6，上下浮动不超过 1%。

8.1.1　齿廓设计

为提高齿轮的轮齿弯曲强度，减小齿轮体积，在减速器中所有的齿轮均采用双圆弧齿廓。在第一级传动副中，齿廓采用全齿高系数为 1.8 的 FSH80 型短齿齿廓，使锥齿轮大小端的齿高、齿厚有合理的比值。在第二级、第三级传动副中，采用圆柱齿轮传动，其齿廓采用全齿高系数为 1.45 的 FSH79 型超短齿齿廓，该齿廓齿高低、齿根厚、热处理变形小。基于成本考虑，上述齿廓不进行磨齿或硬齿面刮削等齿面精加工工艺，在碳氮共渗淬火后直接装配。

8.1.2　齿轮参数设计

以 SGW-150 煤矿刮板输送机为例，进行齿轮参数设计，其传动方案为三级，原减速器的传动比为 24.437 6，第一级传动副为 Gleason 锥齿轮传动，第二级传动副和第三级传动副为圆柱齿轮传动。原减速器齿轮布置示意如图 8-1 所示。

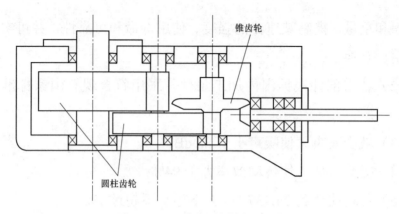

图 8－1　原减速器齿轮布置示意

1. 参数设计要求

为使新减速器的设计配套原煤矿刮板输送机的工作性能，要求设计的减速器传动比为 24.437 6，上下浮动不超过 1%。由于减速器轴承承载能力的限制，中心距的要求为 $a_2 \geqslant 230$ mm，$a_3 \geqslant 260$ mm。设计寿命能通过 1 500 h 的台架试验，体积不大于原减速器的体积。原减速器的齿轮参数见表 8－1。

表 8－1　原减速器的齿轮参数

级数	模数	齿数		中心距/mm	螺旋角/(°)	齿宽/mm
第一级	$m_1=6$	$z_1=12$	$z_2=35$	$a_1=159.1$	35	48
第二级	$m_2=8$	$z_3=16$	$z_4=53$	$a_2=250$	10	95
第三级	$m_3=9$	$z_5=17$	$z_6=43$	$a_3=270$	14	155

2. 模数设计

为保证齿轮传动副的使用寿命，并减小减速器的体积，需要减小模数。经过多次反复计算，确定第一级传动副中锥齿轮的中点法向模数取 $m_1=6$，第二级和第三级传动副中斜齿轮的法向模数分别取 $m_2=6$、$m_3=8$。

3．齿数设计

由于模数改变，第三级传动副由直齿轮改为斜齿轮，故齿数、螺旋角及中心距必须进行变动。原减速器中第一级传动副的锥齿轮是薄弱环节，故第一级传动副的齿数及螺旋角保持不变，中点锥距和齿宽有少许变动，使第一级传动副锥的齿轮有较高的强度。

4．中心距设计

为使尺寸减少到最低限度，第二级（高速级）和第三级（低速级）传动副的中心距分别为 $a_2=230$ mm，$a_3=260$ mm。

5．螺旋角设计

考虑模数、中心距及传动比的要求，可以根据以下两种方案选取螺旋角：

（1）高速级的螺旋角 $\beta_2=17.79°$，低速级的螺旋角 $\beta_3=17.47°$。此方案齿宽较小，可使总体积减小，但低速级的轴向力较大。

（2）高速级的螺旋角保持不变（$\beta_2=17.79°$），低速级的螺旋角取 $\beta_3=14.25°$。此方案低速级的轴向力减小 20%，但齿宽有所增加。

当螺旋角方案选定后，根据以下两种方案选取齿宽：

（1）轮齿较宽，但保证最少三点接触，其应力较小，有利于润滑油膜的形成，安全系数均为 2 以上；

（2）轮齿较窄，保证最少两点接触，可减少减速器的体积，但应力较大，安全系数小于 2。

经统筹考虑，在低速级采用方案（1），在高速级采用方案（2），使两级圆柱齿轮的安全系数均在 2 以上。

最终确定的齿轮参数见表 8-2。

表 8-2 最终确定的齿轮参数

级数	模数	齿数		中心距/mm	螺旋角/（°）	齿宽/mm
第一级	$m_1=6$	$z_1=12$	$z_2=35$	$a_1=135.5$	35.00	46
第二级	$m_2=6$	$z_3=19$	$z_4=54$	$a_2=230$	17.79	75
第三级	$m_3=8$	$z_5=16$	$z_6=47$	$a_3=260$	14.25	160

该设计的总传动比[①]为 $i=24.350\ 33$，比原传动比低 0.357%，符合设计要求。

本设计从煤矿机械的工作特点出发，考虑了煤矿刮板输送机用减速器的弯曲强度、抗磨损性和接触强度。通过对各参数进行强度校核计算（见表 8-3），设计的双圆弧弧齿锥齿轮副的接触强度与弯曲强度均有较大提高，渐开线齿轮减速器与双圆弧弧齿锥齿轮减速器的安全系数对比见表 8-4，从中可以看出新的方案达到原设计指标。

表 8-3 齿轮接触、弯曲疲劳强度的最小安全系数对比

使用要求	S_{Hmin}	S_{Fmin}
高可靠度（失效率不大于 1/10 000）	1.50～1.60	2.00
较高可靠度（失效率不大于 1/1 000）	1.25～1.30	1.60
一般可靠度（失效率不大于 1/100）	1.00～1.10	1.25
低可靠度（失效率不大于 1/10）	0.85	1.00

① 总传动比=输入转数/输出轴的转数

表 8-4　渐开线齿轮减速器与双圆弧弧齿锥齿轮减速器的安全系数对比

齿轮种类	性能指标	第一级传动副		第二级传动副		第三级传动副	
		z_1	z_2	z_3	z_4	z_5	z_6
渐开线齿轮	接触强度	1.05		1.41		1.0	
	弯曲强度	2.32	2.28	2.55	2.51	2.32	1.84
双圆弧弧齿锥齿轮	接触强度	1.645		2.10		2.16	
	弯曲强度	4.0	4.5	2.26	2.67	2.43	3.04

8.1.3　热处理工艺

双圆弧弧齿锥齿轮一般采用软齿面处理和表面氮化两种工艺方法进行热处理，然而针对我国煤矿刮板输送机用减速器的使用工况和井下工作环境，这两种工艺方法不能满足弯曲强度和接触强度的要求，也不能满足抵抗由于井下润滑油被污染而形成的齿面磨粒磨损的要求。为此，必须实现齿面厚渗层、高硬度的条件。我国机械加工厂普遍采用渗碳淬火或者碳氮共渗淬火热处理工艺，与渗碳淬火相比，碳氮共渗淬火的热处理温度低、热处理变形小、渗层强度和表面硬度较高，这些特点有利于延长双圆弧弧齿锥齿轮的使用寿命，因此最终选择了碳氮共渗淬火。

圆弧齿轮进行热处理之前，先进行碳氮共渗淬火模拟试验，实现深度为 1.05 mm 的渗层（比氮化硬齿高了两倍多）。这个渗层深度相当于渗碳淬火渗层深度为 1.30 mm 的机械性能，可避免氮化层薄壳的缺点。在圆弧齿轮上应用碳氮共渗淬火，可实现齿轮表面淬火硬度在 60 HRC 以上，极大提高其耐磨性，既发挥了双圆弧弧齿锥齿轮抗点蚀性能好、使用寿命长的优点，又发挥了碳氮共渗淬火硬齿面抗磨损性能好、疲劳强度高的特点。

8.2 试验及结果分析

一般认为圆弧齿轮的传动能力比渐开线齿轮的传动能力高 30% 左右，能够有效地提高减速器的使用寿命。但之前圆弧齿轮并未能成功应用于煤矿刮板输送机中，大量分析研究认为在齿廓设计上需要改进；另外齿面硬度必须达到 60 HRC 左右，方可满足煤矿刮板输送机用减速器的要求。本节将介绍双圆弧弧齿锥齿轮应用于煤矿刮板输送机用减速器的试验过程。

8.2.1 热处理工艺性能比较

材料为 20CrMnTi[①]、渗层深度为 1.02 mm，硬度为 59～63 HRC[②] 的圆弧齿轮采用碳氮共渗工艺，材料为 35CrMoV[③]、硬度为 50～55 HRC 的同等规格圆弧齿轮采用氮化工艺，两种齿轮用同一把滚刀加工。

两种热处理工艺的性能比较如下：

（1）双圆弧弧齿锥齿轮的碳氮共渗淬火处理齿轮与渗碳淬火处理齿轮相比，其跑合性能更好；

---

① 渗碳钢，通常为含碳量为 0.17%～0.24%的低碳钢。

② HRC（洛氏硬度）是以压痕塑性变形深度来确定硬度值的指标，以 0.002 mm 作为一个硬度单位。

③ 35CrMoV 是经过调质的合金结构钢。

（2）双圆弧弧齿锥齿轮的碳氮共渗淬火处理与氮化处理相比的测量数据见表 8-5。由表中数据可知，碳氮共渗淬火处理的齿轮变形量更小。

表 8-5　碳氮共渗淬火处理与氮化处理的测量数据

热处理工艺	齿根圆斜径变形量/mm	公法线变形量/mm
碳氮共渗淬火	−0.010	+0.010
氮化	−0.025	+0.050

（3）碳氮共渗淬火处理硬齿面经齿端修形后，其噪声降低 3 dB，传动效率提高 0.5%，对振动有明显的改善。

从以上结果可知，设计的双圆弧弧齿锥齿轮不经磨齿完全可以达到双圆弧弧齿锥齿轮传动的技术要求，可以应用于煤矿刮板输送机用减速器。

8.2.2　75 kW 双圆弧弧齿锥齿轮刮板输送机用减速器

在热处理工艺对比试验的基础上，经过齿廓的设计改造、热处理加工工艺的研究，以及刀具的改进设计，研制出新型 75 kW 双圆弧弧齿锥齿轮刮板输送机用减速器。参照 M/T 101—2000《刮板输送机用减速器检验规范》（以下简称《检验规范》），对该减速器进行型式试验，包括空载试验、效率试验、温升试验、超载试验和耐久试验。

在空载试验、效率试验、温升试验和超载试验中，试验用润滑油为 N320 极压齿轮油，润滑油不采取冷却措施。在耐久试验中，根据有关规定，被试减速器在额定载荷下正方向连续运转，润滑油通过换热器外循环冷却，使油池温度控制在 70～80 ℃之间。

在耐久试验进行到 200 h 时，被试减速器第三级传动副的小齿轮个别齿断裂更换损坏齿轮，重新安装后，根据《检验规范》有关规定，耐久试验重新从 0 h 开始试装，在试验进行到 200 h、500 h 时停机检查，在试验进行到 1 000 h、1 500 h 时开箱检测。当试验完成 1 500 h 的计划任务书要求后，将试验指标延长为 2 000 h。在试验进行到 1 500 h 到 2 000 h 之间时，每隔 100 h 进行一次停机检查，从被试减速器的观察孔检查齿轮情况。在试验进行到 1 900 h 时，发现被试减速器第二级传动副的小齿轮中一个齿的端角脱落。但在第一次更换第三级副的小齿轮时，该齿轮已运转 2 000 h，因此该齿轮实际试验时间已达到 2 000 h，除此之外，其他齿轮均已达到 2 000 h。为试验第三级传动副中小齿轮的有效寿命，被试减速器继续试验至 2 000 h 后，开箱拆检。

8.2.3　试验系统

本试验的试验台架采用 75 kW 刮板输送机用减速器专用试验台架，两台减速器安装在刚性台架上。输出轴用十字滑块联轴器连接，输入轴与扭矩传感器用弹性柱销联轴器连接，扭矩传感器与驱动电动机或直流发电机由弹性柱销联轴器连接。其中一台减速器为被试机，作减速传动；另一台减速器为陪试机，作增速传动。在耐久试验中，减速器内润滑油利用油泵通过换热器进行外循环冷却，换热器通过冷却循环水带走润滑油热量。

8.2.4　型式试验结果及分析

新型 75 kW 双圆弧弧齿锥齿轮刮板输送机用减速器在进行型式试验后得出的试验结果如下：

（1）传动效率为 94.5%；

（2）综合噪声为 89.2 dB；

（3）耐久试验运转时间为 1 500 h；

（4）外形尺寸与同类型渐开线齿轮减速器相比减少 9%；

（5）经观察，减速器从 1 600 h 继续运转到 1 900 h 时，出现齿端崩角。

模拟齿轮试验和型式试验可以得出以下结果：耐久试验由计划任务书提出的 1 500 h 提高到 1 900 h；传动效率满足计划任务书提出的大于 94%的要求，达到了 94.5%；体积比同类型渐开线齿轮减速器减小了 9%；综合噪声为 89.2 dB，其中包括试验室其他正在进行的试验所发出的噪声、台架振动及电动机工作所发出的噪声。如果去掉其他噪声的影响，可以认为减速器噪声达到计划要求。

渐开线齿轮减速器和双圆弧弧齿锥齿轮减速器的性能对比见表 8-6。

表 8-6　渐开线齿轮减速器和双圆弧弧齿锥齿轮减速器的性能对比

	渐开线齿轮减速器	双圆弧弧齿锥齿轮减速器
噪声	90 dB	90 dB
使用寿命	1 000 h	1 500 h 以上
传动效率	92%	94.5%

通过模拟齿轮试验和型式试验的结果分析，可得出以下结论。

（1）75 kW 双圆弧弧齿锥齿轮刮板输送机用减速器完全可以替代渐开线齿轮减速器，并可以互换。

（2）75 kW 双圆弧弧齿锥齿轮刮板输送机用减速器在耐久试验中

145

的连续运转时间可在 1 500 h 以上，有效地提高了减速器使用寿命。

（3）碳氮共渗淬火热处理工艺可以满足双圆弧齿轮的加工技术要求，在双圆弧齿轮上应用，解决了双圆弧齿轮在刮板输送机用减速器上应用的工艺难题。

（4）根据刮板输送机用减速器的结构要求，首次研制了 Gleason 齿制双圆弧弧齿锥齿轮，填补了双圆弧齿轮设计加工的空白。

（5）双圆弧齿轮经碳氮共渗淬火后，其有效试验寿命在 500 h 以上，比同类型的渗碳淬火渐开线齿轮的规定试验寿命提高 50%以上。

（6）75 kW 双圆弧弧齿锥齿轮刮板输送机用减速器充分发挥了双圆弧齿轮传动的特点，在同功率下，比渐开线齿轮减速器体积小、效率高。

8.3　生产试制

双圆弧弧齿锥齿轮的生产试制从实际生产的角度出发，在试制过程中力求经济可行，在生产成本上尽量与现行的同功率渐开线齿轮减速器的生产成本相接近，尽快实现批量化生产。

8.3.1　机加工工艺过程

机加工工艺过程的制定应结合齿轮加工和装配需要注意的事项，进行工艺分析，确定工艺方案并详细制定各工序的机加工工艺过程。

（1）坯料准备，包括下料、毛坯锻造、毛坯粗加工和粗坯热处理，以及箱体铸造；

（2）精加工，包括轴、齿轮坯的精车，齿轮铣齿和齿轮箱加工面的精加工；

（3）齿轮的碳氮共渗淬火处理和喷丸处理；

（4）齿轮装配面的磨削加工；

（5）装配，包括轴承、密封件等标准件的准备，减速器的装配和调试；

（6）出厂试验。

8.3.2　装配跑合

减速器的装配跑合是一个重要的环节，对于圆弧齿廓齿轮尤为重要。锥齿轮的接触状况是在装配时进行调整的，锥齿轮齿面接触区的位置及大小对产品的使用寿命有很大的影响。双圆弧弧齿锥齿轮的跑合还需要继续深入研究，特别是对硬齿面双圆弧齿轮。跑合可以扩大齿面接触区，消除一些热处理误差。

在减速器装配时，弧齿锥齿轮的齿面接触区、齿侧间隙、齿顶间隙均有严格的要求。在双圆弧弧齿锥齿轮装配时，由于它的齿侧、齿顶间隙均由齿轮刀具加工时确定，因此安装时要注意调整大、小齿轮的接触位置，减少齿端冲击。

在齿轮跑合时，根据本书提出的跑合规范，使用分级加载、低连跑合的方法。对个别齿轮，为减少热处理误差，可加快跑合速度，采用专门的跑合研磨剂进行点面跑合。

刮板输送机是煤矿生产的主要设备之一，其传动部件主要是减速器，应用双圆弧齿轮减速器，对提高刮板输送机承载能力很有意义。

在刮板输送机用减速器的第一级传动中应用了本书介绍的双圆弧弧齿锥齿轮传动形式，完成了这种传动形式从理论设计、齿轮试制到产品应用的过程。

参考文献

[1] 朱景梓，邵家辉，李进宝．双圆弧弧齿锥齿轮啮合原理及其设计制造[R]．太原：太原工学院齿轮研究室，1982：59-61．

[2] 张瑞亮．双圆弧弧齿锥齿轮传动啮合特性的研究[D]．太原：太原理工大学，2010．

[3] 李进宝，邵家辉，王铁．双圆弧圆锥圆柱齿轮减速机试验研究[J]．中国机械工程，1994（5）：42-43

[4] 王裕清，武良臣．弧齿锥齿轮接触区理论与切削过程仿真[M]．北京：煤炭工业出版社，2004．

[5] ZHANG R L，WANG T，WU Z F，Tooth Contact Analysis of the Double Circular Arc Tooth Spiral Bevel Gear[J]. Applied Mechanics and Materials，2011：3711-3715．

[6] 魏冰阳．螺旋锥齿轮研磨加工的理论与实验研究[D]．西安：西北工业大学，2005．

[7] 闫玉涛．航空螺旋锥齿轮失油状态下生存能力预测方法的研究[D]．沈阳：东北大学，2009．

[8] KRENZER T J，YUNKER K D. Universal Bevel and Hypoid Gear Hobbing Machine[J]. Werkstatt und Betrieb，122（3）：237-241．

[9] LITIVIN F L. Gear Geometry and Applied Theory[M]. Upper Saddle River：Prentice Hall，1994．

[10] 天津齿轮机床研究所，北京齿轮厂. 格利森锥齿轮技术资料译文
集：第一册[M]. 北京：机械工业出版社，1983.

[11] 方宗德，齿轮轮齿承载接触分析（LTCA）的模型和方法[J]. 机
械传动，1998，22（2）：1－3.

[12] 武志斐. FSH 锥齿轮传动啮合特性的理论与实验研究[D]. 太原：
太原理工大学，2012.